故宫经典 CLASSICS OF THE FORBIDDEN CITY
RED SANDALWOOD FURNITURE IN THE PALACE MUSEUM COLLECTION

故宫紫檀家具图典

故宫博物院编
COMPILED BY THE PALACE MUSEUM
故宫出版社
THE FORBIDDEN CITY PUBLISHING HOUSE

图书在版编目（CIP）数据

故宫紫檀家具图典 ／ 胡德生主编. — 北京：故宫
出版社，2013.10
　（故宫经典）
　ISBN 978-7-5134-0486-0

Ⅰ．①故… Ⅱ.①胡… Ⅲ.①紫檀－木家具－中国－
清代－图集 Ⅳ. ①TS666.204.9－64

　中国版本图书馆CIP数据核字（2013）第233235号

编辑出版委员会

主　任　单霁翔

副主任　李　季　王亚民

委　员 （按姓氏笔画排序）

　　　　冯乃恩　纪天斌　闫宏斌　任万平　陈丽华　宋纪蓉

　　　　宋玲平　杨长青　余　辉　张　荣　胡建中　赵国英

　　　　赵　杨　娄　玮　章宏伟　傅红展

故宫经典

故宫紫檀家具图典

故宫博物院编

主　　编：胡德生

作　　者：胡德生　宋永吉

摄　　影：胡　锤　冯　辉　赵　山　刘志岗

图片资料：故宫博物院资料信息中心

出 版 人：王亚民

责任编辑：徐小燕

装帧设计：李　猛

出版发行：故宫出版社

　　　　地址：北京东城区景山前街4号　邮编：100009

　　　　电话：010-85007808　010-85007816　传真：010-65129479

　　　　网址：www.culturefc.cn

　　　　邮箱：ggcb@culturefc.cn

制版印刷：北京方嘉彩色印刷有限责任公司

开　　本：889×1194毫米　1/12

印　　张：24.5

字　　数：30千字

图　　版：249幅

版　　次：2013年10月第1版

　　　　　2013年10月第1次印刷

印　　数：1-3000册

书　　号：978-7-5134-0486-0

定　　价：360.00元

经典故宫与《故宫经典》

郑欣淼

故宫文化，从一定意义上说是经典文化。从故宫的地位、作用及其内涵看，故宫文化是以皇帝、皇宫、皇权为核心的帝王文化和皇家文化，或者说是宫廷文化。皇帝是历史的产物。在漫长的中国封建社会里，皇帝是国家的象征，是专制主义中央集权的核心。同样，以皇帝为核心的宫廷是国家的中心。故宫文化不是局部的，也不是地方性的，无疑属于大传统，是上层的、主流的，属于中国传统文化中最为堂皇的部分，但是它又和民间的文化传统有着千丝万缕的关系。

故宫文化具有独特性、丰富性、整体性以及象征性的特点。从物质层面看，故宫只是一座古建筑群，但它不是一般的古建筑，而是皇宫。中国历来讲究器以载道，故宫及其皇家收藏凝聚了传统的特别是辉煌时期的中国文化，是几千年中国的器用典章、国家制度、意识形态、科学技术，以及学术、艺术等积累的结晶，既是中国传统文化精神的物质载体，也成为中国传统文化最有代表性的象征物，就像金字塔之于古埃及、雅典卫城神庙之于希腊一样。因此，从这个意义上说，故宫文化是经典文化。

经典具有权威性。故宫体现了中华文明的精华，它的地位和价值是不可替代的。经典具有不朽性。故宫属于历史遗产，它是中华五千年历史文化的沉淀，蕴含着中华民族生生不已的创造和精神，具有不竭的历史生命。经典具有传统性。传统的本质是主体活动的延承，故宫所代表的中国历史文化与当代中国是一脉相承的，中国传统文化与今天的文化建设是相连的。对于任何一个民族、一个国家来说，经典文化永远都是其生命的依托、精神的支撑和创新的源泉，都是其得以存续和赓延的筋络与血脉。

对于经典故宫的诠释与宣传，有着多种的形式。对故宫进行形象的数字化宣传，拍摄类似《故宫》纪录片等影像作品，这是大众传媒的努力；而以精美的图书展现故宫的内蕴，则是许多出版社的追求。

多年来，故宫出版社出版了不少好的图书。同时，国内外其他出版社也出版了许多故宫博物院编写的好书。这些图书经过十余年、甚至二十年的沉淀，在读者心目中树立了"故宫经典"的印象，成为品牌性图书。它们的影响并没有随着时间推移变得模糊起来，而是历久弥新，成为读者心中的故宫经典图书。

于是，现在就有了故宫出版社的《故宫经典》丛书。《国宝》、《紫禁城宫殿》、《清代宫廷生活》、《紫禁城宫殿建筑装饰——内檐装修图典》、《清代宫廷包装艺术》等享誉已久的图书，又以新的面目展示给读者。而且，故宫博物院正在出版和将要出版一系列经典图书。随着这些图书的编辑出版，将更加有助于读者对故宫的了解和对中国传统文化的认识。

《故宫经典》丛书的策划，无疑是个好的创意和思路。我希望这套丛书不断出下去，而且越出越好。经典故宫藉《故宫经典》使其丰厚蕴涵得到不断发掘，《故宫经典》则赖经典故宫而声名更为广远。

目 录

明清硬木家具

胡德生

中国明清古典家具如今已受全世界所瞩目，甚至有人提议将中国明清家具列为世界文化遗产。这说明中国明清家具在广大人们心目中的地位。之所以形成这种局面，除了它具备稳重、大方、优美、舒适的造型外，其自身形貌和纹饰所蕴含着深厚的丰富多彩的文化因素，当是重要原因。明清家具又被称为"明式家具"和"清式家具"。所谓"明式家具"，是指在我国明代制作并且艺术水平较高的家具。要具备造型优美、榫卯结构准确精密、比例尺度科学合理才能称为明式家具。"明式家具"是艺术概念，专指明代形成并广泛流行的艺术风格，有些形制呆板、作工较差的家具，即便是明代制作，也不能称为明式家具。明式家具包括整个明代的优秀家具，而明代中期以前的家具主要是漆器家具。硬木家具则是明代后期隆庆、万历年以后才出现的新品种。现在许多书籍中常写作"明"，只要是硬木家具，应理解为明代后期。也就是说，明代272年的历史，硬木家具只占了最后的72年。隆庆、万历年以前的明式家具则全部都是漆器家具。漆器家具由于不易保存，传世较少，因此我们现在所见到的大多为硬木家具。

这个论断可从三个方面证实。

1. 明代万历年以前的史料只有"檀香、降香"及"紫檀木"的记载，而檀香、降香与檀香木、檀香木、檀香紫檀、降香黄檀是有着很大区别的。至目前为止，在明代万历年以前的史料里，还未发现有用黄花黎[①]和紫檀木等硬木制作家具的记载。

2. 嘉靖年曾抄没当时大贪官严嵩的家产，有一份详细的清单，记录在《天水冰山录》一书。在这份清单中，仅家具一项记录有：

一应变价螺钿彩漆等床，

螺钿雕漆彩漆大八步等床，五十二张，每张估价银一十五两。

雕嵌大理石床，八张，每张估价银八两。

彩漆雕漆八步中床，一百四十五张，每张估价银四两三钱。

椐木刻诗画中床，一张，估价银五两。

描金穿藤雕花凉床，一百三十张，每张估价银二两五钱。

山字屏风并梳背小凉床，一百三十八张，每张估价银一两五钱。

素漆花梨木等凉床，四十张，每张估价银一两。

各样大小新旧木床，一百二十六张，共估价银八十三两三钱五分。

一应变价桌椅橱柜等项，

桌，三千零五十一张，每张估价银二钱五分。

椅，二千四百九十三把，每张估价银二钱。

橱柜，三百七十六口，每口估价银一钱八分。

凳杌，八百零三条，每条估价银五分。

几并架，三百六十六件，每件估价银八分。

脚凳，三百五十五条，每条估价银二分。

漆素木屏风，九十六座。

新旧围屏，一百八十五座。

木箱，二百零二只。

衣架、盆架、鼓架，一百五个。

乌木筯六千八百九十六双。

　　以上即严嵩家所有的家具，总计8672件。除了素漆花梨木床40张和乌木筯6896双之外。另有梽木刻诗床一张，从其价钱看，也并非贵重之物。而螺钿雕漆彩漆家具到不在少数。再从严嵩的身份和地位看，严嵩在抄没家产之前身为礼部和吏部尚书，后又以栽赃陷害手段排斥异已，进而获得内阁首辅的要职。在他的家里若没有紫檀、黄花黎、铁梨、乌木、鸡翅木等，那么民间就更不用提了。再联系到皇宫中，目前也未见硬木家具的记载。硬木家具没有，柴木家具肯定是有的。只是档次较低，不进史记而已。而柴木家具是很难保留到现在的，这就给高档硬木家具划出一个明确的时段。不能绝对，而可以说，明代隆庆、万历以前没有高档硬木家具。

　　3. 明末范濂《云间据目抄》的一段记载也可证明隆庆、万历以前没有硬木家具。书中曰："细木家具如书桌、禅椅之类，予少年时曾不一见，民间止用银杏金漆方桌。自莫廷韩与顾宋两家公子，用细木数件，亦从吴门购之。隆万以来，虽奴隶快甲之家皆用细器。而徽之小木匠，争列肆于郡治中，即嫁妆杂器俱属之矣。纨绔豪奢，又以榉木不足贵，凡床橱几桌皆用花梨、瘿木、相思木与黄杨木，极其贵巧，动费万钱，亦俗之一靡也。尤可怪者，如皂快偶得居止，即整一小憩，以木板装铺庭蓄盆鱼杂卉，内则细桌拂尘，号称书房，竟不知皂快所读何书也。"②

　　这条史料不仅可以说明嘉靖以前没有硬木家具，还说明使用硬木家具在当时已形成一种时尚。发生这种变化的原因，除当时经济繁荣的因素之外，更重要的是隆庆年间开放海禁，私人可以出洋，才使南洋及印度的各种优质木材大批进入中国市场。

　　有人说明代郑和七次下西洋用中国的瓷器、茶叶换回了大批硬木，发展了明清家具。这种说法听起来很有道理，10年前，我也曾这样说过，但后来通过看书，觉得此说没有任何依据。因为郑和下西洋的史料非常少，当时所记的"降真香"和"檀香"都是作为香料和药材进口的，并非明清时期制作家具的"降香黄檀"和"檀香紫檀"。还有元代用紫檀木建大殿的记载，分析起来不大可能，因为紫檀木的生态特点是曲节不直，粗细不均，多有空洞。可以肯定能盖大殿的木材绝不会是今天意义的紫檀木。

　　本书所介绍的紫檀这种木材大体反映了这一时期的风格。从明代末期至清代康熙时期，这一时期生产的宫廷家具，做工精湛、造型美观、简练舒展、线条流畅、稳重大方，被被誉为代表明代优秀风格的明式家具。清代雍正至嘉庆年，正处于康乾盛世时期，经济发展，各项民族手工艺有很大提高，由于黄花黎木的过度开发，来源枯竭，质地坚硬的紫檀木才形成时尚。这一时期内生产的家具，工艺精湛，装饰性强，显示出雍容华贵、富丽堂皇的艺术效果，被誉为代表清代优秀风格的清式家具。

〈1〉黄花黎的"黎"字，过去很多人都写作"梨"。查众多历史资料，海南黄花黎应为黎族的"黎字"。为与海南产木相区别，其他木梨仍为"梨"字。
〈2〉此史料中未提紫檀、黄花黎。

故宫紫檀家具概述

宋永吉

中国是世界上最古老的文明古国之一，有着数千年的文化历史。无形的文化历史凭借了有形的载体流传下来，那就是文物。家具是承载文化的载体之一，可以说从人类以家庭为单位进行生活、劳作的同时，家具也随之产生了。家具产生、发展的演变过程，经历了从低级到高级的质变过程，同时也记录了社会发展的过程。因而，在热衷于收藏古代家具、热衷于宣传中国传统文化的今天，有必要介绍一下紫檀木与紫檀家具。

一、关于紫檀木

"坎坎伐檀兮，置之河之乾兮"。3000 年前的《诗经》，缘其朴实而精粹之佳句，代代相传，人人咏诵，不时地在脑海里涌现出了那铿锵有节的伐檀之音。

诗经中所说的檀木，是黄檀、白檀或紫檀。伐檀是否用于制作家具，这对于从事中国古代家具的研究，是值得探讨的。历史上有关檀木的记载很多。李时珍在《本草纲目》中就把它列入到檀香类。言道："檀，善木也。故字从亶。亶，善也。释氏呼为旃檀，以为汤沐。"即是在沐浴时，把檀香类植物调入水中，达到香体和健体的作用。又说"云南人呼紫檀为胜沉香。即赤檀也"。并说檀木有"黄、白、紫之异"。《博物要览》引自《天香传》也是如此之说："香凡二十四状，皆出于木"，其中有"黄檀香、白檀香、紫檀香"。叶廷珪《香谱》进一步说明各种檀木的相貌特点，他说："皮实而色黄者为黄檀，皮涩而色白

者为白檀，皮府而紫者为紫檀。其木并坚重清香。"不难看出，以上史料皆是将檀木作为药类和香类。也就是说它不被当作制作家具的材料认识的。而早在晋朝崔豹所著《古今注》中，便有专指紫檀木的称谓与出处的记载："紫枬木，出扶南，色紫，亦谓之紫檀。"《格古要论·异木论》更具体的记录了紫檀木的出处及特征："紫檀木出交趾、广西、湖广。性坚。新者色红，旧者色紫。有蟹爪纹。"《大明一统志》云："檀香出广东、云南及占城、真腊、爪哇、渤泥、迟逻、三佛斋、回回等国。树叶皆似荔枝，皮青色而滑泽。"王佐《格古论》云："紫檀诸奚峒出之。性坚。新者色红，旧者色紫，有蟹爪文。新者以水浸之，可染物。真者揩壁上色紫。故有紫檀色。"《古玩指南》与此出处有不同的说法，"紫檀为常绿亚乔木产于热带，高五六丈。叶为复叶花蝶形，实有翼。其材色赤，质甚坚重。故入水而沉。查世界之热带国，为数甚多。但出产紫檀之热带，只有南洋群岛"。同时又说"在明代皇家用木，初时由本国之南部采办，以后因木料之不足，逐派人赴南洋各地采取"。这表明在中国南部也曾经生长有紫檀，并被采伐至尽。

以上引用的资料，皆表明在中国本土曾经生长过紫檀树，只是数量有限。从植物分类学及掌握的材料看，黄檀为豆科黄檀属，紫檀为豆科紫檀属，而白檀为山樊科植物。黄檀、白檀均属常绿灌木，产于我国的广东、云南等处。灌木是不能长成大料的，也就是说它通常不能单

独的作为制作家具的材料。制作家具的檀木只是紫檀木。从制作家具的角度来看，把紫檀木与白檀、黄檀归为一类，显然是不合适的。中原地区是不具备生长紫檀树条件的。所以，《诗经》中虽然提到伐檀，应该不是今天人们认知的紫檀树，有可能是灌木生的檀木；同时，也不能说明数千年前已有紫檀木家具。

中国境内大批制作紫檀木家具的材料来源于何处，这是业内人士极其关注的话题。如今在市场上流传着许多关于紫檀木的不同称谓，有的是根据紫檀木的特征而言。比如有的称为蟹爪纹紫檀、金星紫檀、小叶紫檀、牛毛纹紫檀、鸡血紫檀、大叶檀；有些是把某个地区的名称加在前面，称作安哥拉紫檀、马达斯加紫檀等等。这其中有些是前人在著书时对紫檀木特征的描述，有些则是现代人凭借对紫檀木的理解而言；还有的则是对紫檀木认识不清，以伪代真滥竽充数，或标榜自己的材料如何出众等等。现在已经证实了，在马达加斯加根本不出产紫檀木。所以，那些附加了别人闻所未闻的所谓某某紫檀木，不免有欺人之作的嫌疑。《古玩指南》告诉我们："查世界之热带国，为数甚多。但出产紫檀之热带，只有南洋群岛。"也就是说南洋群岛以外的任何地方，都不出产紫檀木。《木鉴》一书也表明，制作紫檀木家具的材料只有一种，即是生长在印度迈索尔邦地区的量大而质优的紫檀树，它的全称学名为"檀香紫檀"。

我们了解到，不仅紫檀木的生长范围很小，而且它的生长期是漫长的，要经过数百年才能生成大料，这是其他植物难以相比的。再有，由于生长期之长，使得它不仅纹理细密，木质甚坚。而且它的比重超过了水，即入水而沉，这也是其他木种难以比拟的。《古玩指南》说："世界木料之最贵者，厥为紫檀。在五年前物价正常之时，每斤粗料即需三元上下，今则原料之竭，任何高价亦无

处可得矣。"的确，当初采伐紫檀木之时，就是不易的。

明代时皇家早已认识到紫檀木的珍贵价值，经常委派官员在两广及云南一带采伐。终因材料匮乏，不得不将此事搁浅下来。到永乐三年（1405 年）时，由于对航海技术有了更加全面的了解后，宦官郑和带领着大批的船队，七次代表大明政府出使南洋各国。由于当时对外还处于易货贸易时期，所以在船上带有许多中国生产的瓷器、丝绸以及农作物；而采购回来的，不仅有大量的香料、宝石，还有珍贵的木料。郑和此举促进了海外贸易的发展，而此时民间的海外贸易也悄然兴起。为珍贵木材的输入提供了条件。此后，明朝政府每年派官员到南洋督办采伐事宜。只是当初采伐来的紫檀木，并未立即做成家具。而是把它当作香料使用的。因为我们还没有见到，明朝早期的紫檀木家具实物流传下来，也没有见到文献资料的记载。再有，从南洋采伐的紫檀木料是不能立即制成家具的，它需要有一个烘干或风化去性的过程。所以，明朝初年采伐的紫檀木只是备用，而非现用。

二、关于紫檀木家具产生的时代及形式

用紫檀木制成的家具起源于何时，对此业内人士一直有不同的说法。有说明代早中期产生了紫檀木家具，也有说产生于明末的，更有新说元代已能有紫檀大殿，因而顺理成章的有紫檀木家具。笔者在日本京都博物馆所见的馆藏刊物上，有一标注为紫檀木小桌的图像资料，经馆长介绍是大唐时期鉴真东渡的随行物品。桌面四周有螺钿镶嵌，图案与双陆棋盘相似。由于未见实物，不敢断言是否为紫檀木小桌。明末已经出现了紫檀木制作的家具，这是不争的事实。这不仅有实物佐证，而且有文字的记载。在明人刘若愚所编《酌中志》中，便有制作家具使用紫檀木的记载。当初，虽有用紫檀木制作诸如筷子、锦匣、

扇子彀等。但是大规模的使用紫檀木制成家具，当是明清交替之际。

紫檀家具的最初形式应为明式家具。明朝中后期是中国明式家具发展的巅峰时期，这是在诸多条件成熟后的必然产物。

1. 郑和七次受谴出使南洋群岛各国，为中国的对外贸易打通途径，使得珍惜木材得以源源不断的输入。

2. 在宋朝家具品种已经非常齐全的基础上，对原有器物的造型、结构、工艺等方面，易于进行充分的改良。

3. 明朝的经济出现繁荣景象，因而对艺术表现出了渴望与追求。永乐的剔红、宣德的铜器、成化的瓷器等，都表现出极高的工艺水平。同时，许多手工艺作坊造就出手艺高超的匠人，像陆子冈治玉、鲍天成治犀、朱碧山治银、马勋、荷叶李治扇、吕爱山治金、王小溪治玛瑙、张寄修治琴、范昆白治三弦等。制作家具的匠人也是能人辈出，严望云为湖中巧匠，善攻木，有般尔之能。刘敬之，人称小木高手。张岱著述的《陶庵梦忆》中说，这些匠人手艺之高"俱可上下百年，保无敌手"。丰厚的艺术沃土，滋生了明式家具的形成。

4. 很多文人墨客参与了家具的设计、描绘。这可以从许多名人字画中得到证实。尽管有大量的珍贵木材不断输入，但因为明朝皇帝认为自己属土德，居中央，因而推崇黄色，所以黄花黎木得到大量的使用。众多的外部因素促使了明式家具孕育而生之后，尾随其后出现了少量的紫檀木家具，仍然为明式家具的样式。

进入清朝以后，虽然在制作家具的材质方面发生变化，改用以深紫红色甚至发黑的紫檀木为主的材质，但是明式家具的基本式样在清朝不断延伸至乾隆朝。这并非是清统治者对明朝旧习的追捧，而是与统治者的理念，有着极大的关联。有清一代统治者为游牧民族，来自黑水

之滨，凭借对阴阳五行的感悟，北方属黑色，因而，紫黑色的紫檀木自然使他们产生了极大的兴趣；另外，他们能够接受和保留明朝留下的家具式样，是因为清朝的帝王们，从他们想要征服中原伊始，便不断学习和吸收汉族文化，他们深知孰优孰劣。然而这也是一个少数民族为了标榜自己是正统的炎黄子孙，对先进文化的利用。所以，为了便于对汉族的统治，他们时而采取强硬的高压政策，诸如实行文字狱、剃发等措施；时而又采取笼络汉人的怀柔政策，开办学校，允许汉人考试入学，接受明朝旧臣进入朝廷为官等。这其中也包括一些民间习俗被保留下来，并保留了明朝主要家具的制造格局。在明朝家具产业高度发达时期，形成了以苏州的苏作、两广的广作、京都的京作、山西的晋作家具为主的四大流派。入清以后，这种格局仍然延续下来。由于以师徒一脉相承，明式家具的样式一时难有大的变动。所以在康熙、雍正、乾隆早期，出现了明式与清式并存的局面（雍正时期出现大批的清式漆木家具）。直到乾隆后期，代表清代家具特征的清式家具风格才正式形成。

三、清宫廷紫檀木家具的来源及状况

清朝统治者十分喜爱紫檀木，他们入主紫禁城之后，要对原有不适宜的家具进行更替，因而对紫檀木的需求量也日益加大，采取了继续开采紫檀木的措施。据《古玩指南》说："凡可成器者，无不捆载以来。然均粗不盈握，节屈不直，多不适用。"所以，清朝前期所用的紫檀木，有委派官员采办的，也有相当大一部分是明朝遗留下来的。皇室则根据各个宫殿、行宫、园林等处所需，令养心殿内务府宫廷造办处及广东、苏州的家具产地进行制作，再有很大一部分是地方官员为了讨好朝廷进献的。从清宫部分进单中，可以看到有关方面的资料。

乾隆十二年七月十一日，江宁织造兼管龙江西新关税务吉葆进单：

紫檀彩漆面八仙桌六张，紫檀文椅十二张，绣垫全，紫檀彩漆面炕桌六张。

同年八月二十七日苏州织造舒明阿进单：

紫檀边镶嵌九子献瑞横挂屏成对，紫檀边镶嵌中天丽景长挂屏成对。

乾隆十三年九月二十六日两淮盐政阿克当阿进单：

紫檀嵌玉花卉挂屏成对。

乾隆十五年八月初二日署理浙江巡抚永贵进单：

紫檀大书架一对，紫檀香几一对，紫檀炕屏一架。

同年八月初四日两江总督黄廷桂进单：

万年紫檀宝座全副，万国来朝紫檀插屏一对，汉文祥庆紫檀御案一张，万事如意紫檀书架一对，如意吉祥紫檀绣墩四对。

同年八月初七日署理长芦盐政兼管天津关务运使丽柱进单：

紫檀万福万寿镶嵌九龙宝座，绣垫脚踏全副，紫檀嵌洋金九龙平风一架，紫檀连二挑灯一对，紫檀嵌洋金书架一对。

同日杭州织造申祺进单：

紫檀顾绣万寿长春五屏风成座，紫檀宝座成座，紫檀御案成座，紫檀书架成对，紫檀万年如意绣墩六对，紫檀方式天香几成对，紫檀炕香几成对，紫檀满堂红灯十对。

乾隆十六年九月二十七日两浙盐政兼织造苏愣额进单：

紫檀嵌玉顶柜成对，紫檀嵌玉文具成对。

乾隆十九年九月二十八日苏州织造阿尔那阿进单：

紫檀镶嵌万年长春横挂屏成对。

乾隆二十三年七月初九日江宁织造讬庸进单：

紫檀边顾绣五围屏成座，紫檀御案成张，紫檀宫椅六对，紫檀琴桌成对，紫檀天香几成对，紫檀炕香几成对。

乾隆二十六年十一月初四漕运总督杨锡绂进单：

紫檀宝座一尊，明黄缎苏绣垫，迎手全，紫檀绛丝炕屏成座，紫檀膳桌成对，紫檀炕几成对，紫檀天香几成对，紫檀琴桌成对，紫檀炕案成对，紫檀绣墩四对，绣垫全。

同年十一月初八日浙江巡抚庄有进单：

紫檀罗汉榻成座，紫檀顾绣瑶台祝寿五屏风成座，紫檀琴桌成对，紫檀天香几成对。

同日广东巡抚托思多进单：

紫檀画玻璃炕屏一架，紫檀炕几二张，紫檀绣墩八座。

乾隆二十六年十一月初九日江南河道总督高晋进单：

紫檀宝座成座，绣垫靠全，紫檀简妆成对，紫檀琴桌成对，紫檀天香几成对，紫檀炕几成对，紫檀绣墩六对，绣垫全。

同年十一月十七日两广总督苏昌进单：

紫檀宝座一座，紫檀御案一张，紫檀天香几一对，紫檀炕桌一对，紫檀绣墩六个。

乾隆二十七年十二月二十日两广总督苏昌进单：

紫檀宝座一尊，紫檀御案一张，紫檀天香几一对，紫檀炕几一对，紫檀文榻一座。

乾隆二十八年十二月十八日两广总督兼管粤海关苏昌粤海关监督方体浴进单：

紫檀宝座一尊，紫檀御案一张，紫檀天香几一对，紫檀书柜一对，紫檀镶画玻璃炕屏一座，紫檀镶画玻璃挂灯十二对。

乾隆二十九年十二月十六日刑部尚书舒赫德进单：

紫檀画玻璃灯九对。

同日凤阳关监督卓尔岱进单：

紫檀万花呈瑞绣纱灯八对。

同日长芦盐政高诚进单：

紫檀明黄绣纱灯拾对，紫檀三蓝纳纱灯拾对。

同年十二月二十日两广总督李侍尧进单：

紫檀宝座一尊，紫檀御案一张，紫檀天香几一对，紫檀炕几一对，紫檀镶画玻璃三屏风一座，紫檀镶画玻璃桌屏一对，紫檀镶画玻璃挂灯八对，紫檀镶画玻璃挑杆灯一对，紫檀镶画玻璃桌灯二对。

乾隆三十年十一月十九日杭州织造西宁进单：

紫檀如意琴桌成对，紫檀如意炕几成对。

乾隆三十一年十二月十八日山西巡抚彰宝进单：

紫檀百简小方机二对。

乾隆三十二年十二月二十二日九江关监督舒善进单：

紫檀福寿葵花宝座一尊，随明黄顾绣垫，紫檀满雕天香几成对，紫檀满雕条案成对，紫檀月桌成对，紫檀宫椅八把，随绣垫，紫檀镶嵌仿博古挂屏成对，紫檀满雕炕案成刘，紫檀葫芦式挂灯十二对，紫檀玻璃桌灯四对。

乾隆三十五年十二月二十五日粤海关监督德魁两广总督李侍尧进单：

紫檀木雕山水宝座一尊，随脚踏垫，紫檀木雕山水三屏风一座，紫檀木方香几两对，紫檀镶玻璃大插屏镜一对，紫檀镶影木宫椅十二张，随垫，紫檀木雕汉文大案一对，紫檀木雕博古大柜一对，紫檀木镶玻璃挂灯十二对，紫檀镶玻璃连二挑杆灯八对，紫檀木镶玻璃桌灯四对，紫檀木雕云龙箱四对，紫檀镶影木雕花围屏十二扇。

乾隆三十六年六月二十六日两江总督高晋进单：

紫檀条案成对，紫檀香几成对，紫檀炕桌成对，紫檀泥金堆画插屏成对，紫檀万卷书炕几成对。

同年六月二十八日广东巡抚德保进单：

紫檀屏风宝座地平全分，紫檀宝椅十二张，随绣垫，紫檀书格成对紫檀如意琴桌成对，紫檀如意炕几成对。

乾隆三十六年七月初四福洲将军弘晌进单：

紫檀宝座一尊，紫檀御案一张，紫檀顾绣日月同春蟠桃献寿五屏一座，紫檀绣墩八张，紫檀琴桌一对，紫檀天香几一对。

同年七月初六日两淮盐政李质颖进单：

紫檀间斑竹万仙祝寿三屏风成座，紫檀间斑竹万仙祝寿宝座成座，紫檀间斑竹万仙祝寿文榻成座，紫檀间斑竹万仙祝寿御案成座，紫檀间斑竹万仙祝寿天香成对，紫檀间斑竹万仙祝寿炕几成对，紫檀间斑竹万仙祝寿琴桌成对，紫檀间斑竹万仙祝寿绣墩四对，紫檀间斑竹万仙祝寿鸾扇成对。

同年七月十七日两广总督李侍尧进单：

紫檀雕花宝座一尊，紫檀雕花御案一张，紫檀镶玻璃三屏风一座，紫檀雕花炕几一对，紫檀雕花宝椅十二张，紫檀雕花云龙大柜一对，紫檀镶玻璃衣镜一对，紫檀雕花大案一对，紫檀雕花天香几一对。

乾隆三十九年八月初三日江苏巡抚萨载进单：

紫檀镶嵌三屏风成座，紫檀镶嵌宝座，随缂丝褥脚踏全，紫檀镶嵌顶柜成对，紫檀条案成对，紫檀条几成对，紫檀天香几成对，紫檀炕几成对，紫檀鸾扇成对，紫檀绣墩四对，随绣垫全，紫檀镶嵌长方挂屏成对，紫檀镶嵌横方挂屏成对。

乾隆四十年十二月二十七日苏州织造舒文进单：

紫檀木镶嵌玻璃塔灯成对。

乾隆四十一年十二月二十八日苏州织造舒文进单：

紫檀木嵌玻璃挂灯八对，紫檀木嵌玻璃挑杆灯成对紫檀木嵌玻璃插屏灯成对。

乾隆四十二年八月十二日承安进单：

紫檀嵌玉插屏成对。

同年八月初三日：

紫檀嵌珐琅插屏成对。

乾隆四十七年五月初二日巴延三李质颖进单：

紫檀镶楠木雕洋花山水人物文榻成张，紫檀镶楠木雕洋花罗浮图三屏风成座，紫檀木雕竹式长方天香几二对，紫檀木雕汉纹夔龙长案成对，紫檀木雕洋花夔福条案成对，紫檀木雕洋花镶玻璃镜大插屏成对，紫檀木雕洋花镶画玻璃炕屏十二扇，紫檀木雕汉纹大宝凳八张，紫檀木雕洋花镶画玻璃挂屏五幅，紫檀木雕汉文洋花绣墩十二件，紫檀木雕汉文炕案成对。

乾隆四十八年八月初一日金简进单：

紫檀嵌玉桌屏成对，紫檀嵌玉香山九老挂屏，紫檀嵌玉竹林七贤挂屏。

乾隆五十年五月初二日丰绅济伦进单：

紫檀嵌玉龙舟竞渡挂屏成对。

乾隆五十一年八月初二日丰绅殷德进单：

紫檀嵌玉仙源灵峤挂屏成对，紫檀嵌玉壶天仙侣桌屏成对。

同年八月初三日永鋆进单：

紫檀嵌玉四季长春桌屏成对，紫檀细堆桂苑仙宫挂屏成对。

同年八月初三日和绅进单：

紫檀嵌玉群仙祝寿桌屏成对，紫檀嵌玉八方向化挂屏，紫檀嵌玉四海升平挂屏。

……

以上为有日期记载的进单。还有许多遗漏日期的进单：

丰绅济伦进紫檀画玻璃挂屏一对，紫檀画玻璃挂灯八对。

丰绅殷德进紫檀画纱灯，御制诗紫檀嵌玉长春桌屏成对，紫檀嵌玉博古梅竹桌屏成对。

多罗克勒郡王进紫檀嵌玉插屏一对，紫檀嵌玉挂屏一对，紫檀嵌玉插屏成对，紫檀嵌花挂屏成对。

四、明式家具与清式家具对比

中国古代家具的产生、发展，经历了漫长的岁月，到宋朝家具的品种已经达到空前规模。进入明朝以后，由于生产力水平的提高，经济的繁荣与发展，促进了港口开放，使得一些珍贵木材源源不断地进入宫廷，这就为明式家具的产生奠定了基础。明朝家具是在此基础上去劣存优，或对前朝家具进行改造而形成。明式家具是古代家具发展的巅峰阶段。清式家具与之相比，则表现出诸多因素的不同。首先表现在材质上，明式家具的主要用材是色泽鲜亮且具有花纹优美的黄花黎木，为其主要原材料；清式家具则使用色泽凝重且花纹不够突出的紫檀木为主要原材料。需要说明的是，紫檀木的比重较黄花黎木更大。因而紫檀木更加坚硬。其次在造型方面，明式家具追求的是线条流畅、器形不露棱角的做法；而清式家具则多为方方正正、棱角突出的做法。在纹饰方面，明式家具少有纹饰或用简练的卷草纹、螭纹等；而清式家具多用满雕的云龙纹、西洋花纹饰等。如果说明式家具突出了简约淳朴、线条流畅等特点，那么，清式家具所表现出的是威严、正统、华丽的特点。从这些特点上不难看出，清朝统治者作为一个少数民族入主中原，他时刻标榜自己是正统的炎黄子孙，而不是异族他类。同时，还要表现出真龙天子的威严与气魄。因而在使用的家具上，从造型、材料、纹饰等多方面，都与明式家具都有很大的区别。另外，由于中西文化交流日趋广泛，西方的文化艺术对于中国传统家具的发展，产生了不可低估的影响，也使得中国传统家具发生了根本的转变。

五、西方艺术风格与中国传统家具的融合

中国的传统文化与西方的文化交流由来已久，尤其是入清以来，不断有西方人士进入中国，有的甚至在宫廷

中任职。这些人之中的佼佼者有南怀仁、汤若望等。他们对于医学、天文学、数理学、机械等方面，都有很高的才识。清初这些学识被皇家所接受，于是在康熙年间，皇帝曾多次传谕广东地方官员，勒令他们注意那些随洋船而来的有技艺的西方人士，招募他们进入宫廷从事各种器物的制造等。

林济格来自瑞士，1658 年 6 月 18 日生于祖格城，是中瑞文化交流史上的一位重要人物。1707 年应召来华并成为宫廷的钟表师，深受康熙皇帝的宠爱，康熙帝常去他的工作室与他聊天。林济格在宫中的 33 年中，为皇帝制作过各式自鸣钟。同时，他把这些制作技术传授给造办处的其他工匠，使得很多器物上都留有西方的艺术风格。

陆伯嘉来自法国，1701 年来华。"精艺术，终其身在内廷为皇帝及亲贵制造物理仪器计时器与其它器物"。

杜德美来自法国，1701 年来华。"杜德美神甫对分析科学'代数学'、'机械学'、'时计学'等科最为熟练。故康熙帝颇器其才，居京数年"。参与了宫廷中的钟表及其他器物的制作。

严嘉乐，波西米亚人，1716 年至华，第二年到京并进入宫廷服务，其人精通算术，熟练音乐，而于数种机械技艺也颇谙熟。由于精湛的技术，康熙帝对其颇为器重，曾协助杜德美制作钟表。

康熙皇帝对于洋人、洋货非常的赏识，到乾隆皇帝也是如此。查乾隆年《档案·杂录》中有："十四年二月初五日奉旨，传谕硕色嗣后粤海关：凡广作珐琅、象牙、玳瑁器皿并加石伦器皿、油画片以及不合款式格子、桌、案等件，俱不必进来。俟发给式样时再做进来。从前进口钟表、洋漆器皿亦非详做。如进钟表、洋漆器皿、金银丝缎、毡毯等件务要实在详做者方可。再康熙年间粤海关监督曾着洋船上买卖人代信与西洋，要用何样物件，西洋即照所要之物做得。卖给监督呈进。钦此。"又"六月十七日奉旨，着传谕硕色可将洋鸡、洋鸭加冠凤各寻数只进来，再有与此相类之洋禽鸟易于驯养者，亦着寻觅几只来。钦此"。

内务府养心殿宫廷造办处雍正四年杂活作档案记载："三月十五日据圆明园来帖称，首领太监程国用持来西洋射光灯一件说，太监杜寿传旨着认看。钦此。"三月十六日，即刻叫来西洋人巴多明等，确认是西洋物品后收讫。

正是因为皇帝对西洋物品的赏识，纷纷引来王公大臣们投其所好，争相进献带有西洋风格的物品。乾隆年《档案·杂录》中有：

十二月十三日奉旨，李永标所进紫檀镶牙花洋式宝座一尊、紫檀洋式书格四座、紫檀洋式挂屏架四个、紫檀洋式半圆挂桌一对、紫檀洋式挂桌四张、紫檀洋式宝座一尊，着伊家人送圆明园交李裕，水法上安设。钦此。

十二月十三日奉旨，总督李侍尧所进紫檀洋花宝座一尊、紫檀洋花天香几一对、紫檀镶玻璃洋式书柜一对、珐琅镶玻璃挑杆灯二对、金镶蓝玛瑙规矩一座。着伊差来家人送往圆明园交与总管李裕，交水法。钦此。

在进单档案中还有两广总督李侍尧、粤海关监督德魁共同进献的家具：

紫檀木雕洋花条案一对、紫檀木雕番莲琴桌一对。

两广总督舒常进献的家具：

紫檀雕洋花宝座成尊靠垫脚踏全、紫檀雕洋花镶玻璃五屏风成座、紫檀雕洋花御案成张、紫檀雕洋花天香几成对、紫檀雕洋花宝凳十二张垫全、紫檀雕洋花长案成对、紫檀雕洋花琴桌成对、紫檀雕洋花书案成对、紫檀雕洋花镶玻璃大衣镜成对、紫檀雕洋花炕几成对、紫檀雕洋花镶玻璃挂屏成对、紫檀雕洋花镶玻璃横披成对。

清朝不仅皇帝对洋人制造的器物非常赏识，王公大臣们对于洋货也是赞赏不已。1719 年 10 月 14 日法国传教士卜文气自无锡写给他兄弟的信中有这样的话："可以使他们感到高兴的差不多是这样一些东西：表、望远镜、显微镜、眼镜和诸如平、凸、凹、聚光等类的镜，漂亮的风景画和版画，小而精巧的艺术品，华丽的服饰、制图仪器盒、刻度盘、圆规、铅笔、细布、珐琅制品等。"康熙年开设通商口岸后，致使大批洋货涌入，西方传教士及商人，不断地把西方的艺术风格引入中国，这种风格也必然冲击着中国传统家具的原有风格。比较典型的有"巴洛克式"和"洛可可式"风格。

巴洛克原意是"椭圆形的珍珠"。作为一种炫耀罗马天主教教会权威的样式，起源于梵蒂冈圣彼得大教堂的装饰。这种装饰手法不仅很快在罗马兴起，17 世纪后期便扩展到法国、德国、西班牙及英国的宫廷当中，用作建筑和家具的装饰。洛可可风格从某种意义上说，是巴洛克风格的延续。它打破了原有的框架格局，是更加富于浪漫色彩的装饰风格。

中国引进的这一浪漫色彩的艺术风格，首先在建筑上得到充分的发挥。虽说圆明园在西方侵略者的炮火下已成为瓦砾，但是，我们仍旧能够从它那残垣断壁上看到，以天然大理石为主要原料的西方建筑形式和以巴洛克风格的花卉纹饰进行装饰。雍正皇帝非常欣赏洋漆，以至于大臣们争相进献洋漆的和仿洋漆的家具。他甚至把身为太子的弘历居住的西五所内翠云馆，改装为东洋漆的室内装饰。乾隆时期，正是皇帝要将宫中各殿家具及行宫家具配齐的时候，于是开始大规模的制作家具，这时期巴洛克这一风格又繁衍在中国的古典家具上。乾隆皇帝的这一举措，不仅使古老的皇宫增加了富丽堂皇的色彩，也为中国的古代艺术即古典家具增加了色彩。

六、紫檀木家具在清式家具中的地位

乾隆时期是清朝最鼎盛的时期，肥腴的国力促使它完成了不仅将紫禁城皇宫内各个殿堂的紫檀木家具配齐，也包括了圆明园离宫、热和行宫以及三海等处宫殿，上文所述的各衙属官员、王公大臣所进贡的帐单中，数量之巨大，但仍然不能涵盖紫禁城皇宫家具的全貌。这些家具珍品在 1840 年的鸦片战争中，遭到入侵者的肆意抢夺与焚毁，又在 1924 年宫内西花园、中正殿、延禧宫及宫廷造办处相继四次大火，无疑使宫中紫檀家具的数量骤然减少。幸存之下的这些艺术珍品，就更显其珍贵。如今，我们通过对世间大部分紫檀家具进行了解和对比，得出以下结论：

1. 故宫博物院所藏的紫檀木家具，占据着世间紫檀木家具总量的半壁河山。

2. 宫廷紫檀木家具皆为成堂配套制作，具有品种齐全的特点，代表了清朝紫檀木家具的最高水平。

3. 宫廷紫檀木家具是在皇帝的设计、指挥和监督下完成的，许多清式家具在制作过程中，都体现了皇帝的思想。因为由皇帝指令做某种器物，经养心殿宫廷造办处画样，呈皇帝御览后指出更改内容，再由制作者做出小样，后经皇帝钦定制作，这件物品才可成型。所以，清式家具以其质优且品种多样的材质，多样的工艺，并有皇帝参与制订的情况下，充分显示着它的价值所在。

由此我们得出这样一个结论：清式家具中绝大部分是乾隆朝家具，紫檀木家具中绝大部分是清式家具，所以说紫檀木家具是乾隆朝家具的代表之作。了解和认识紫檀木家具，对于认识清式家具大有裨益。

床榻类

自古以来，床榻就是与人类生活最为密切的家具。明清时期床的种类主要有架子床、拔步床、罗汉床。在宫廷中皇帝专用的则有龙床。根据明人何士晋汇辑的《工部厂库须知》记载："御用监成造铺宫龙床。""传造龙凤拔步床、一字床、四柱帐架床、梳背坐床"。所用材料就有使用紫檀木的记载。如今见到紫檀木材质的床，多为清朝制作的。

1

紫檀镂雕莲荷纹罗汉床

清早期

长244厘米　宽132.5厘米　高116.5厘米

　　罗汉床通体为紫檀木质地。屏风式三面围子。搭脑凸起，两侧延伸向前逐级递减。床面攒框镶席心。面下带束腰。鼓腿膨牙，内翻马蹄。在围子、腿子、床面沿、束腰及大垂洼堂肚的牙子上，满饰密不露地镂雕的莲蓬及荷花纹。

　　此床用料粗硕，构图严谨，纹饰雕刻精细。利用谐音和寓意表现了和和美美、子孙延绵的的吉祥图案。尤其是围子及牙板皆以整料雕刻而成，更显得难能可贵。这是清朝早期的家具精品。

2

紫檀嵌玉罗汉床

清早中期

长206厘米　宽98厘米　高110厘米

　　框架为紫檀木质地。床面上三屏式围
子，后面稍高于两侧。围子中上部安横枨，
枨上分别饰圆形、方形卡子花。枨子以下
有立柱分隔成段，每段又有玉制小柱密部
其间。床面以下全部光素。面侧沿为混面，
俗称"泥鳅背"。面下带平直的束腰。鼓腿膨
牙，牙子为洼堂肚式。

　　此床又名"罗汉床"。做工考究，造型较
为简练，加之与嵌玉搭配较为合理，为清早
中期床类精品。

3
紫檀雕漆嵌铜龙纹罗汉床

清中期

长211厘米　宽100厘米　高104厘米

　　框架为紫檀木质地。床面上五屏风式围子。框内雕漆锦纹地，其间镶嵌錾铜团花。围子中间搭脑凸起，两侧依次递减。床面下带束腰，以珐琅镶嵌成条形开光。束腰下洼堂肚式牙板，浮雕缠枝莲纹。方腿内翻回纹马蹄。长方形托泥上也带有束腰，雕刻缠枝莲纹。四角下端为龟式足。

　　此床现陈设在西六宫之体和殿。

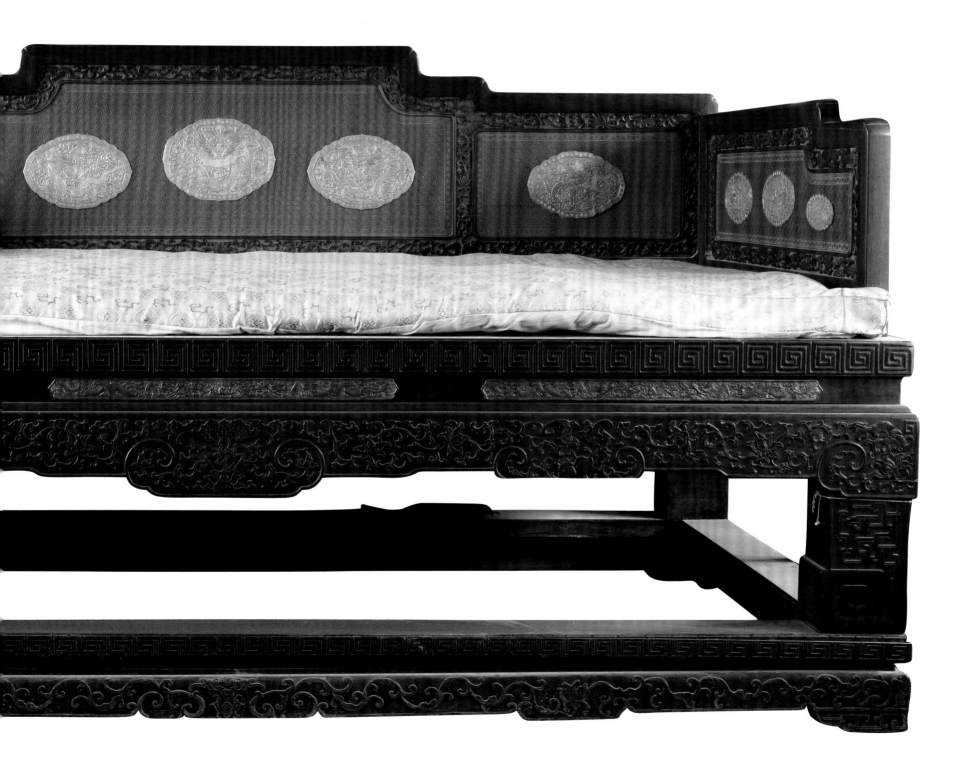

4
紫檀透雕夔龙纹罗汉床

清中期

长200厘米　宽103.5厘米　高92.5厘米

　　此床以紫檀木为框架。七屏式床围透雕夔龙纹，间有小花牙子，与床面大边用走马销衔接。床面攒框镶席心。束腰上下有托腮。牙板及腿子皆雕刻夔龙纹，牙板与腿的夹角处有透雕夔龙纹托角牙子。直腿回纹马蹄，下承托泥。

　　此床亦称作"罗汉床"。它是从独座演变而来。既可以当作卧具摆放在卧室，也可当坐具，摆在客厅招待客人，为乾隆年间制品。

5

紫檀嵌青白玉雕云龙纹罗汉床

清中期

长206厘米　宽111厘米　高102厘米

　　框架为紫檀木质地。七屏式床围子，后
背分为三块。紫檀木光素边框，内侧嵌青白
玉雕云龙纹心，四周镶铜线。边围共四块，
均两面嵌青白玉雕云龙纹板心，四周镶铜
线。光素床面，四角以錾花铜页包裹。面下
打洼束腰，鼓腿膨牙，饰卷云纹洼堂肚式牙
子。内翻卷云足，下承托泥。

6

紫檀嵌黄杨木雕农耕人物罗汉床

清中期

长192厘米　宽108厘米　高112厘米

　　框架为紫檀木质地。七屏式围子，框内镶黄杨木雕农耕人物。后围搭脑凸出，两侧至前逐级递减。床围与床面大边用走马销榫连接。床面攒紫檀木框镶板，面下带束腰。牙条雕玉宝珠纹及回纹，腿牙边缘起阳线，内翻卷云马蹄，下承长方形带龟脚托泥。

　　此床为乾隆年间制品。

紫檀雕夔龙纹罗汉床

清中期

长200厘米　宽93厘米　高109厘米

此床为紫檀木框架。三面围子，呈九屏风式。后背隆起U字型搭脑，两侧逐级递减。紫檀木为边框，内镶浮雕夔龙纹板心。四角攒边框镶席心床面。面下带束腰。雕回纹洼堂肚式牙板，直腿内翻回纹马蹄，连接长方形托泥。

紫檀嵌石心罗汉床

清中期

长200厘米　宽93厘米　高108厘米

　　罗汉床框架为紫檀木质地。床面以上为十一屏式围子。后面中间一扇凸出，其余皆成对，其高度依次递减。屏扇皆为子母框，子框开槽镶入天然山水纹大理石板，再整体嵌入母框中。床面为攒框镶落堂踩鼓硬木床屉。侧面冰盘沿，下面光素平直束腰。方腿内翻马蹄，牙板及腿足均雕刻回纹。

　　此床建造于清中期。所镶大理石数量之多，且纹理相近，实属难得。

椅座类

椅座的出现说明了家具完成了由席地而坐的低矮家具向垂足而坐的高型家具的转变。

明清时期，宫中制作了大量的椅凳，形式很多，名称也很多，椅座类有宝座、交椅、圈椅、官帽椅、玫瑰椅、靠背椅、扶手椅等。凳类则有方杌、条凳、圆杌、梅花杌、海棠杌、桃式杌及各种绣墩等。现在宫中藏有大量的紫檀木椅凳。

9

紫檀雕莲荷纹宝座

清早期

长98厘米　宽78厘米　高109厘米

　　宝座通体为紫檀木质地。七屏式围子，
从搭脑两侧至扶手顺延而下依次递减。搭
脑为一凸起的仰面荷叶，靠背板及扶手皆
雕刻有荷叶、莲花及茎。莲花或开放至极，
或含苞待放，荷茎委婉纵横，穿插有致。光
素的座面下有束腰。鼓腿膨牙，内翻足，足
下有托泥。座面以下雕刻纹饰与围子纹饰
大致相符，不同的是增加了莲子纹。宝座前
有配套的荷莲纹脚榻。纹饰以"荷"、"和"谐
音的形式表示着"和和美美"和以莲子寓意
着"子孙绵延"的吉祥图案。

　　由于宝座是皇帝专用的坐具，所以极少
有成对制作。通常是与屏风、宫扇、角端、香
筒等组合使用。这件宝座是清朝早期的制
品。它不仅用料上乘，其精湛的雕刻技艺和
完美的造型都达到了极致，是清朝早期绝
无仅有的精品。

10

紫檀嵌玉花卉纹宝座

清中期

长103厘米　宽76厘米　高117厘米

　　宝座为紫檀木质地。五屏式围子，搭脑
凸出，并向后翻卷。由搭脑延伸两侧转而向
前，呈阶梯状依次递减。靠背、扶手均以紫
檀木为框，框内髹米黄色漆地，镶嵌各色玉
石雕刻成的山石、菊花、枝干、叶子等。座面
攒框装板镶席心。面下束腰镂空，有炮仗洞
开光，上下有托腮。鼓腿膨牙，牙条下沿垂
大洼堂肚。内翻马蹄，下承须弥座。

　　髹漆家具多为苏州制作。这件宝座是乾
隆时期苏作的代表性家具。

紫檀嵌牙菊花纹宝座

清中期

长113.5厘米　宽78.5厘米　高101.5厘米

宝座为紫檀木框架。五屏式围子，委角皆以铜制云纹面叶包裹。框内漆地颜色或轻或重，景致或远或近。以染牙雕刻截景菊花图。座面攒框镶楠木板心，四角亦用铜制云纹包角。面下打洼束腰。齐牙条，拱肩直腿内翻马蹄，包裹云纹铜套足。

此宝座在材质、造型、雕工及图案效果等方面，都达到很高的水准。它是乾隆时期具有代表性的家具精品。

12

紫檀镶桦木心嵌瓷片宝座

清中期

长92厘米　　宽67厘米　　高108厘米

宝座框架为紫檀木质地。三面围子，靠背搭脑高高凸出，至顶部向后微微翻卷。紫檀边框内镶桦木瘿子板心。围子上共镶有八块带花纹瓷片，搭脑上为条形状，其余皆为纵向长方形或正方形。座面用紫檀木攒边框，内镶硬板板心。高束腰下鼓腿膨牙，内翻卷草纹足。足下托泥带束腰。从座面到托泥，中间部分皆凹进。

13

紫檀雕花卉纹宝座

清中期

长177厘米　宽80厘米　高107厘米

　　宝座以紫檀木做边框，三面围子，框内镶黄杨木雕西番莲纹板心。靠背板搭脑凸起，犹如梯形，两侧至扶手逐级递减，扶手末端呈弧线形，便于搭手。座面为四角攒边框镶席心。面下冰盘沿带束腰，曲边牙子浮雕西洋纹饰。三弯腿外翻卷叶纹饰，下承托泥。

14

紫檀嵌黄杨木雕夔龙纹宝座

清中期

长102厘米　宽80厘米　高113厘米

宝座为紫檀木框架。光素座面。围子上沿凸凹有致，顶端为西洋螺壳纹式搭脑，两侧雕刻相对的夔龙纹，围子两侧及后背板镶嵌黄杨木雕的缠枝莲纹。座面下的束腰上雕有梭子纹。牙子浮雕西洋花纹并膨出圆弧，曲齿下沿。三弯腿外翻，卷草纹足。足下托泥与座面为随形。

宝座上的西洋纹饰为典型的巴洛克风格。这种风格为梵蒂冈圣彼得大教堂富有权威象征的图案，一经出现就被法国、德国、西班牙、英国等帝国的宫廷中所应用，而进入文化差异巨大的东方大国，则是颇费周折的。在这件家具上体现了东西方艺术风格的融合，也充分体现出代表西方权威的图案与代表东方权威的图案的完美结合。

15

紫檀漆面百宝嵌宝座

清中期

长127厘米 宽78厘米 高99厘米

宝座为紫檀木框架。三屏式围子，搭脑凸起形同屏帽，并向两侧延伸成帽翅状。上边浮雕海水云龙纹，边缘雕回纹。背板心糅蓝、白色漆地，表现出有远有近的天地之色。漆地上有多种宝石、象牙、木料等，镶嵌成古树、葡萄、绿叶等截景图案。这种工艺称为"百宝嵌"。座面攒框镶楠木板心。面沿、腿、罗锅枨上皆作双混面双边线，并组合成变体的回纹。腿下承如意云头纹足。

宝座以葡萄、回纹及海水江崖等纹饰，表现出"多子多福"、"江山永固"、"绵延不断"的美好愿望。它是乾隆时期的艺术精品。

16

紫檀雕夔龙纹藤心宝座

清中期

长126厘米　宽103厘米　高124厘米

　　宝座为紫檀木框架。三面座围皆用长短不一的小料，采用格角榫结构攒成对称的拐子纹，浮雕夔龙纹。藤心座面，面下以同样工艺攒成拐子纹支架，并与带屉底座固定。

　　此宝座工艺独特，既达到充分利用材料、使结构牢固的目的，同时又收到极好的装饰效果，给人以空灵秀丽之感。

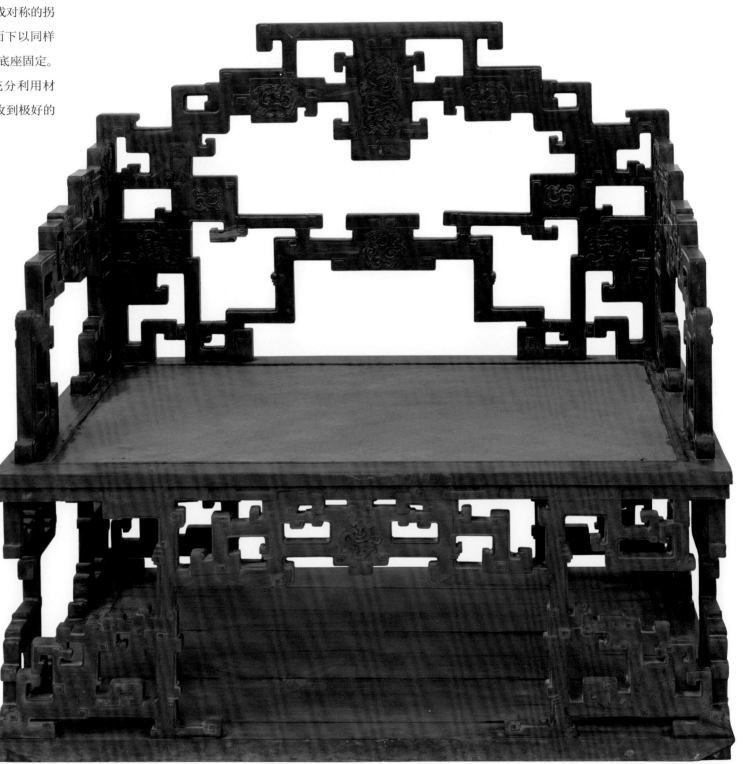

17

紫檀雕漆嵌铜龙纹宝座

清中期

长105.5厘米　宽78厘米　高110厘米

宝座为紫檀木做边框，九屏式围子，内镶红雕漆锦纹地，嵌镀金正龙纹铜牌。边沿浮雕蝙蝠纹和缠枝莲纹。座面红漆地描金菱形花纹，侧沿雕回纹。面下束腰嵌云龙纹镀金铜绦环板。裹腿式牙子浮雕云蝠纹及缠枝莲纹。浮雕拐子纹腿，内翻回纹马蹄，足下承回纹托泥。

此宝座与图3为一套组合，现陈设于符望阁。

18

紫檀雕云龙纹宝座

清中期

长112厘米　宽85厘米　高103厘米

　　宝座为紫檀木框架。九屏式围子，框内浮雕海水江崖及云龙纹。后背雕五龙，两扶手各雕两龙，以此象征皇权。后背居中的搭脑，高高的凸出于两肩，并向后翻卷。座面攒框镶席心。面下束腰有开光炮仗洞，上下有托腮。鼓腿膨牙，牙条下垂洼堂肚。内翻马蹄，下承托泥。

紫檀嵌玉云龙纹宝座

清中期

长109厘米　宽84厘米　高104厘米

　　宝座通体以紫檀木做框架。座面上三面围子，以紫檀木凸雕回纹背，搭脑为勾云形隆起，镶嵌有白玉雕蝙蝠纹。靠背及两侧扶手皆以碧玉雕云纹为地，嵌白玉雕龙纹及火焰。座面以薄板拼接成卐字锦纹。面下束腰，镶嵌条形珐琅片。洼堂肚式牙子上镶嵌有白玉雕的团花及云蝠纹。腿、牙夹角处装珐琅托角牙子。三弯式腿外翻，卷云纹足，足下为长方形托泥。

紫檀透雕云龙纹宝座

清中晚期

长126厘米　宽75厘米　高132厘米

宝座通体为紫檀木质地。三屏式围子，镶板心。上方中央透雕一正龙，两侧相对二龙，四周以祥云环绕，下方为海水纹。下边框浮雕缠枝莲纹，扶手板心浮雕云龙纹，曲形搭脑雕祥云纹。座面光素，外侧冰盘沿。面下打洼束腰。面沿及束腰浮雕轮、螺、伞、盖、花、罐、鱼、长八宝纹。三弯腿，腿、牙皆浮雕云龙纹。牙条正中垂洼堂肚。外翻卷云足，下承镶有馊空的双钱形托泥。

此宝座雕工略显繁琐，为清朝中后期作品。

21

紫檀透雕卷草纹圈椅

明末清初

长63厘米　宽50厘米　高99厘米

　　此椅除藤心座面外，其余皆为紫檀木制。椅圈由三段衔接而成圆弧状，线条流畅自然。靠背板以攒框做成，上部开光透雕卷草纹，中部镶瘿木，下部有两个相对的象首纹及云纹组成的牙子。靠背板、椅圈、座面夹角处均有镂空卷草纹角牙。扶手镂空外翻卷草纹。座面攒框镶席心，侧面冰盘沿。面下束腰平直而光素。鼓腿膨牙，内翻卷草纹足。足下踩长方形带龟式足托泥。

　　此圈椅为明式家具的经典之作，整材紫檀堪为珍贵，是明末清初时期的作品。

紫檀雕寿字八宝纹圈椅

明末清初

长62.5厘米　宽69厘米　高91厘米

圈椅除席心座面外，其余皆为紫檀木质地。椅圈由三段衔接而成。四腿通过座面角部的圆孔支撑椅圈，靠背与连帮棍也起到支撑作用。靠背为一整板呈瓶状，浮雕海水江崖及轮、螺、伞、盖、花、罐、鱼、长八宝纹，中间阴刻醒目的寿字。座面攒框镶席心，侧面冰盘沿。腿子外圆内方，穿过座面后呈圆形。腿之间有罗锅枨，枨上装螭纹卡子花连接座面。腿下部安步步高赶枨，由前至后逐级增高。前枨上有宽大的踏脚。

此椅具有明式家具的基本特征，但造型上又有特异之处。比如椅圈的弧度、背板的形式与纹饰等。这些特征都表明它是明末清初时期的家具。

紫檀席心矮圈椅

清早期

长59厘米　宽37厘米　高58厘米

此椅除席心座面外，其余皆为紫檀木质地。座面攒框镶席心。靠背板为一S形曲线的整板。它是根据人体的背部曲线设计、制作而成。椅子腿通过座面四角的圆孔直达椅圈，并且为下粗上细，从而增加了椅子的牢固性。椅圈由搭脑处兜转向前，至扶手转而向外弯曲，前后间另有连帮棍为柱。座面下三面饰壶门券口，边缘起阳线。圆腿直足，微带侧角。座面高度较其他座椅矮了许多。

此坐具有多种功用。通常在轿子或船上使用。它是清宫早期较为罕见的矮形坐具，适合于年幼的皇帝使用。

紫檀雕双夔纹方背椅

清早中期

长59.5厘米　宽45.4厘米　高93厘米

　　此椅框架为紫檀木质地。靠背与扶手皆为长方形。在其内侧分别镶有雕刻双夔龙纹及回纹的壶门券口牙子。座面攒框镶藤席心。四腿之间均有罗锅枨直抵座面。腿子从座面四角的圆孔穿过，与扶手、靠背连为一体。圆腿下部的枨子为前面低、两侧至后稍高，俗称"步步高赶枨"。枨下的罗锅枨，起增强牢固性的作用。腿子稍带侧脚。

　　这种造型的椅子源于苏式。在江南一带皆称为"文椅"，而北方则称之为"玫瑰椅"，常常摆置在窗前。由于它矮小纤秀的样子，更适合于绣楼或闺房中使用。根据档案记载，此椅为西六宫之道德堂原物，即清宫嫔妃使用的家具。

紫檀梳背椅

清早中期

长56厘米　宽45.5厘米　高89厘米

　　此椅除座面外，其余皆为紫檀木质地。靠背为梳背式，扶手与之相仿。搭脑及扶手皆有弧形曲线，梳背及连帮棍皆为S形，使之不露棱角。座面镶板心，侧沿混面双边线。面下罗锅枨加矮佬。四腿下端向外撇，之间有罗锅式管脚枨，与座面下罗锅枨相呼应。

26

紫檀嵌粉彩瓷花卉纹席心椅

清早中期

长55.5厘米　宽44.5厘米　高88.5厘米

此椅以紫檀木为框架。七屏式围子，内
镶桦木瘿子板心。搭脑高高隆起，向后翻卷
成卷书式，两肩至扶手逐级递减。搭脑、靠
背及扶手上皆嵌有寓意吉祥的粉彩四季花
鸟图瓷片。紫檀边框镶席心座面，侧面冰盘
沿。瘿木束腰上下加装托腮。牙条中间浮雕
回纹注堂肚。直腿内翻回纹马蹄。腿间安四
面平管脚枨。

紫檀雕竹节椅

清早中期

长59厘米　宽50厘米　高94.5厘米

　　通体紫檀木制成。搭脑、靠背及扶手均仿竹节。背板二立柱间由两根横枨分出三个长方形格。每格内有紫檀木雕竹节圈口。扶手用攒拐子做。座面镶紫檀硬屉板，面边沿亦雕竹节纹。面下无束腰，腿间高拱竹节纹罗锅枨紧抵座面，腿子及齐头碰管脚枨均雕刻竹节纹。

　　由于常常以竹比喻人的高尚情操，所以在清朝常见有"岁寒三友"题材的器物。在家具上也广泛应用，这是清早中期的仿竹制品。

28

紫檀雕凤纹藤心椅

清早中期

长55厘米 宽44厘米 高92.5厘米

此椅以紫檀木为框架，三面围子，凸起的搭脑上镶绦环板，上沿向后翻卷。靠背及扶手皆以紫檀木为框，与座面有走马销榫连接，可以拆装。框内镶桦木板心。板心中央有紫檀木雕拐子纹，正中雕凤纹。座面攒框镶席心。面下束腰平直，下有托腮。牙条正中垂注堂肚，浮雕回纹。腿、枨、牙板内侧起阳线，相互交圈。腿子之间有四面平管脚枨，卷草纹四足。

此款式流行于雍正至乾隆时期，为清式家具的珍品。

29

紫檀透雕蝠磬纹藤心椅

清早中期

长53.5厘米　宽42厘米　高85.5厘米

此椅以紫檀木为边框。如意云头形搭脑
与靠背板上透雕"蝙蝠衔磬"，以谐音寓"福
寿吉庆"之意。背板两侧饰拐子纹。面下带
束腰加装托腮，拱肩直腿，内翻卷云足踩圆
珠，下承椭圆形托泥。

紫檀雕云纹藤心椅

清中期

长54.5厘米　宽43.5厘米　高91厘米

　　此椅框架为紫檀木质地。栅栏式背板浮雕两组云纹，在亮脚之间有云纹牙子。背板高耸过肩，形成搭脑，两肩向前兜转，至扶手处下转成回纹。紫檀木边框内镶席心座面。面下束腰平直，四腿内收至足部外翻成马蹄状。腿间鱼肚形牙板，腿、牙内侧夹角处有镂空拐子纹托角牙。

紫檀透雕蝠寿纹扶手椅

清中期

长66.5厘米　宽51.5厘米　高108.5厘米

　　此椅通体为紫檀木质地。靠背正中搭脑凸起，背板用短料攒接"寿"字，并雕刻回纹及蝙蝠纹。扶手攒接四回纹形，整体造型寓意"福寿无边"。光素座面攒框装板。侧沿与束腰平直，不施雕工。方腿直足，腿牙夹角饰透雕拐子纹托角牙子。四面平底枨起双边线，与腿牙内侧阳线交圈。腿枨夹角饰浮雕卷云纹托角牙子。

　　此扶手椅为典型的清式椅，它是乾隆年间万寿庆典所用之物。值得一提的是与此椅配套的另外两把椅子，在1945年抗日战争胜利之时的日军受降仪式上，使用的便是这款椅子。

紫檀卷书式扶手椅

清中期

长53厘米　宽42厘米　高81厘米

　　此椅通体紫檀木制。靠背分成三段，上部搭脑以紫檀为边框，内镶板心，馊出虮纹边开光，并凸出两肩，向后成卷书式。中间镶圈口板条，成长方形开光，下部亮脚间有云头牙子。靠背两侧用短料攒接成回纹。搭脑至扶手呈阶梯状逐级递降。光素座面平镶板心。面下束腰平直。直腿内翻马蹄。腿间安四面平底枨。

紫檀雕花卉纹扶手椅

清中期

长60厘米　宽42.5厘米　高89.5厘米

此椅为紫檀木框架。如意云头形搭脑与靠背、扶手的云头勾卷相连。靠背板上镶嵌玉雕花卉纹。背板抹头下有壸门牙子。座面攒框委角，镶楠木板心。面下打洼束腰，浮雕连环云头纹，下有托腮。四面披肩式牙子将腿子肩部包裹，中部垂洼堂肚，上面浮雕飞鱼海水纹。腿子做双混面，外翻如意纹足。足下托泥四角亦雕刻如意云纹。

这件作品成做于乾隆时期，既有明式家具的特点，又有清式家具的风格。属于明式向清式过渡的作品。

紫檀雕蝠磬纹扶手椅

清中期

长63.5厘米　宽48厘米　高106.5厘米

　　此椅通体紫檀木质地。如意云头形搭脑，靠背板上浮雕蝙蝠纹及磬纹，寓"福庆"之意。背板两侧与后腿立柱间皆有透雕拐子纹牙子。搭脑两肩至扶手皆为云形，扶手中间作宝瓶状。光素座面，攒边框镶板心。侧面冰盘沿下带束腰。腿、牙内侧起阳线并交圈，夹角饰托角牙子。腿间安有四面平管脚枨，枨下有券口牙子。

紫檀描金蝙蝠纹扶手椅

清中期

长67厘米　宽57厘米　高104厘米

　　此椅以紫檀木为框架。靠背、扶手皆为
攒接的拐子纹。边框上以描金工艺绘出蝙
蝠、缠枝莲花纹及卍字纹，寓意"万福"。紫
檀木攒框镶草席座面。面下束腰描金缠枝
花纹，下面装托腮。垂洼堂肚式牙子。腿子
上雕刻云纹，足部内翻浮雕回纹马蹄。

紫檀雕西洋花纹扶手椅

清中期

长66厘米　宽51.5厘米　高117.5厘米

此椅通体紫檀木质地。搭脑以西洋大螺壳纹为装饰。靠背板用整料镂出花瓶状，浮雕西洋花纹。两侧为西洋建筑装饰的栏柱，扶手中间柱为螺壳纹。座面光素。面下束腰浮雕仰面莲瓣纹。曲边牙条上雕西洋花纹，三弯腿拱肩部位雕西洋花纹。外翻鹰爪抓珠式足，下承带龟脚长方形托泥。

从这件雕花椅上可看出，西方的巴洛克艺术风格在中国传统家具上的进一步深化，它是乾隆时期的作品。

紫檀雕竹节扶手椅

清中期

长64厘米　宽49.5厘米　高107厘米

　　此椅以紫檀木为框架。靠背及扶手边框
上雕刻竹节，外部轮廓为如意云纹，内侧兼
有回纹。框内镶桦木心。四角攒边框镶板心
光素座面。面沿、束腰、腿、牙以及四面平底
枨皆雕刻竹节纹。腿、牙内侧有竹节纹券口。

紫檀雕蝠磬纹扶手椅

清中期

长66厘米　宽51.5厘米　高108厘米

　　此椅通体紫檀木制作。搭脑凸出并向后翻卷为卷书式。靠背板正中雕刻蝙蝠衔磬纹及如意云头纹，寓意"福庆如意"。背板两侧及扶手雕刻拐子纹。面下束腰平直，短料攒接拐子纹花牙。直腿内侧起阳线与牙板、底枨阳线交圈。四腿间有四面平管脚枨，枨下有券口牙子。

紫檀雕五岳真行图扶手椅

清中期

长64.5厘米　宽50厘米　高110.5厘米

　　此椅以紫檀木为框架。座面上靠背、扶手呈屏风式。中间搭脑高高隆起，雕如意纹。两肩及扶手渐低。皆以紫檀木为边框，内镶桦木板心。后背三块，图案为"五岳真行图"，扶手为两面镶。座面光素，攒框镶板，平直面沿，光素束腰。高拱罗锅枨紧抵牙板。方腿直足。腿间四面平管脚枨，下面有券口牙子。

40

紫檀雕勾莲纹扶手椅

清中期

长56厘米　宽52厘米　高110厘米

　　此椅通体为紫檀木制作。搭脑呈如意云纹形状，在其内侧雕刻有西番莲纹。靠背与扶手皆系紫檀木为框，框内打槽装满雕西番莲纹的板心。光素座面，面下打洼束腰，上下装托腮。曲边牙条满雕西番莲纹。三弯腿下面外翻卷叶纹足，足下承长方形带龟脚托泥。

　　这件椅子与其他座椅的不同之处，是靠背上端使用较宽大的大边，雕刻了与靠背一样的西番莲纹，而且与搭脑为一木连做。此椅所雕纹饰皆系西洋巴洛克式风格，为典型的乾隆时期的作品。

41

紫檀雕蝙蝠双螭纹扶手椅

清中期

长66厘米　宽51厘米　高108厘米

此椅以紫檀木为框架。宝瓶式靠背板镶嵌黄杨木，上雕蝙蝠纹及双螭纹。两侧内角饰角牙。曲形搭脑浮雕云纹。座面为四角攒边框，镶板心。混面面沿下带束腰，加装上下托腮。牙条透雕拐子纹，方腿内侧起单边线，与牙板及管脚枨线脚交圈。四面平式管脚枨下，装洼堂肚式牙子。

紫檀透雕拐子纹扶手椅

清中期

长58厘米　宽47厘米　高92.5厘米

　　此椅通体为紫檀木制。靠背板饿空拐子纹。框式扶手,饰拐子纹立柱。底座为四面平式。四角攒边框镶板心椅面,面下回纹牙条。腿内侧起阳线,与面沿及管脚枨线脚交圈。腿子与座面边框为粽角榫相连。四面平式管脚枨下有高拱罗锅枨。

43

紫檀雕西洋花纹扶手椅

清中期

长66厘米　宽52厘米　高102厘米

　　此椅通体为紫檀木制。靠背由中间大、两边小的长方形整快板材雕刻的西洋花纹组成，中间一块凸起形成搭脑。两侧小块背板以西洋螺壳式花纹出榫，与上下连接，并且在两边安装有西洋纹卡子花。扶手也用西洋纹卡子花与一块横向雕刻有西洋花纹挡板的板材连接。光素的座面攒框镶板，面下束腰平直，上下皆装托腮。曲边形牙子雕刻西洋花纹。方腿直下内翻马蹄足。下承长方形带龟脚托泥。

　　此座椅形式较为独特，是乾隆时期具有中西工艺合璧的家具。现陈设于西六宫之体元殿。

紫檀大方杌

明

长57厘米　宽57厘米　高51厘米

　　方杌通体为紫檀木质地。四角攒边框镶落堂板心座面，面下带打洼的束腰。鼓腿膨牙，内翻马蹄足。牙子正中垂洼堂肚。腿子膨出月牙似的圆弧，与牙子相交处安装云纹角牙。

　　方杌的造型显示着稳重而大方。不惜用料的腿子，代表着广式家具做工的风格，是明朝时期的艺术精品。

紫檀漆心大方杌

明

长63.5厘米　宽63.5厘米　高49.5厘米

　　此杌以紫檀木为框架。座面四边框与腿子用粽角榫连接。结构与四面平式相同。框内镶板心，后做黑漆面心。边抹头中部下垂成鱼肚形。直腿内翻马蹄，腿间施罗锅枨，四腿侧角明显。

46

紫檀镶楠木心长方杌

清早期

长53厘米　宽31.5厘米　高41.5厘米

　　方杌座面以紫檀木四角攒边框，镶楠木板心，侧面冰盘沿。面下四圆腿之间安装罗锅枨，大面有两对矮佬连接枨与座面。侧面较窄，只用单根矮佬。四腿微带侧脚，并装有管脚枨。

　　座面所镶为金丝楠木。它在明朝多用作建筑材料。进入清朝以后，康熙皇帝认为在南方开采楠木消耗人力、物力过大，为节俭开支遂改用兴安岭松木。由此，楠木愈发的彰显珍贵。

紫檀雕灵芝纹方杌

明末清初

面径52厘米　高51.5厘米

　　方杌通体紫檀木制作。四角攒边框镶板
心座面。面下有束腰，鼓腿膨牙。正面牙子
中央雕刻一下垂的灵芝，两侧底枨上则雕
刻一向上的灵芝，自面沿以下满饰灵芝纹。

紫檀嵌竹梅花式圆机

清早中期

面径34厘米　高46厘米

　　此机框架为紫檀木质地。机面以紫檀木硬板拼接成五瓣梅花式，再用紫檀木镶边的方法包裹侧沿。同时在侧沿起线打槽，以竹丝随形镶嵌一圈。面下打洼高束腰，浮雕冰梅纹。束腰下有托腮。牙条及上下两道硬角罗锅枨随机面为梅花形，中心打槽镶嵌竹丝。机腿中心亦打槽镶嵌竹丝，并与罗锅枨所嵌竹丝呈十字垂直相交。

　　此机造型构思巧妙，紫檀与竹丝色彩搭配明显，装饰效果独到，是乾隆时期较为罕见的家具珍品。

紫檀雕饕餮纹桃式机

清中期

径36厘米　高39厘米

　　桃式机通体为紫檀木质地。机面由紫檀拼接呈桃形，并雕刻寿字。牙板及腿上雕刻有仿青铜器的饕餮纹，再用紫檀木包边。面沿外侧裹沿起三组线圈，面下带束腰，三弯腿外翻足，足下托泥随座面形。

50

紫檀雕玉宝珠纹小方杌

清中期

面径37厘米　高41.5厘米

　　此杌框架为紫檀木质地。光素凳面,侧沿雕玉宝珠纹。面下束腰起长方形阳线。牙条、腿子、上下横枨均开槽镶铜线。腿为混面双边线,下踩圆珠。

51

紫檀雕西洋卷草花叶纹方杌

清中期

面径51.5厘米　高51.5厘米

　　方杌为紫檀木质地。杌面攒框装板心。
面下有极窄的打洼束腰，束腰上有炮仗洞
开光。曲边牙条雕西洋卷草花叶纹。腿肩部
雕成卷鼻勾牙的象首，外翻卷草形足。下承
方形带龟脚托泥。

　　杌是象形字，指带腿足的木墩。此杌是
乾隆时期具有巴洛克风格的作品。

52

紫檀描金嵌珐琅螭纹方杌

清中期

面径38厘米　高43厘米

　　此杌框架为紫檀木质地。凳面饰黑漆描金蝙蝠勾莲团花纹，四周饰描金螭纹，边缘雕刻回纹锦，四角嵌珐琅片，下承嵌珐琅瓶式柱。牙条与凳腿上皆镶嵌铜胎珐琅螭纹。内翻回纹足，下承带龟脚四方托泥。

　　镶嵌珐琅工艺主要是京作和广作制品中常见的做法。二者既有相同之处，也有差异之处。像这件中规中矩的方杌，是乾隆时期养心殿宫廷造办处制作的家具珍品。

53

紫檀雕松梅竹方杌

清中期

长40厘米　宽40厘米　高45厘米

此杌以紫檀木攒边框，镶板心杌面。四腿与杌面棕角榫相交。腿子之间有两道罗锅枨，其中下面的枨子是起把牢腿子的作用，也叫管脚枨。腿子与枨子均做混面，形成外圆内方。在侧面上枨与杌面之间有木雕松树及玉雕的竹、梅图案，四周圈木雕锦纹边。

松、竹、梅并称为"岁寒三友"，古时常常以此比喻刚直不阿的高尚品质。清宫乾隆花园内有三友轩，轩内俱以松、竹、梅为装饰题材。此杌是其中家具之一，制作于乾隆年间。

54

紫檀雕绳纹方杌

清中期

长41.5厘米　宽41.5厘米　高44厘米

　　此杌通体为紫檀木制作。杌面攒框镶板心，侧面沿中间雕刻一组绳纹。面下高束腰，以绳纹做三个开光并连成一周，托腮上下均雕绳纹。腿、牙上均雕刻绳纹。在牙板下另有镂空的绳纹、玉璧纹的券口牙子。腿足内翻，下承方形雕绳纹带龟脚托泥。

　　此杌现陈设于西六宫之储秀宫。

55

紫檀透雕如意花卉纹方杌

清中期

面径37厘米　高43厘米

　　方杌通体以紫檀木制作。四角攒边框
镶板心座面，侧面冰盘沿。面下束腰加装
托腮，每面各有三个开光，透雕如意云纹
花牙。劈料做三弯腿，外翻卷云足。方形托
泥下装饰龟脚。

紫檀雕绳结纹海棠式机

清中期

长35厘米　宽28厘米　高52.5厘米

　　此机通体紫檀木质地。攒框镶板心，机面呈海棠式，侧面沿起阳线为绳结纹，面下束腰亦雕饰绳结纹，披肩式牙板雕刻云龙纹。腿子上雕刻绳结纹，下端内翻卷云足。托泥亦饰绳结纹，为海棠式。

紫檀雕莲瓣纹嵌玉蝙蝠纹六角
式绣墩

清中期

面径35.5厘米　高47厘米

　　此墩以紫檀木为框架。座面六边形，内镶木板条拼接纵横交错的弖字纹。平直边沿下带打洼的束腰，并镶嵌十二片绿地卷草纹掐丝珐琅。上下有浮雕莲瓣纹托腮。鼓腿膨牙，下垂洼堂肚。腿、牙镶嵌有白玉雕蝙蝠、团花及螭纹。内翻卷云足，下承接托泥，龟式底足。

紫檀透雕夔凤纹六角式绣墩

清中期

面径34厘米　高50厘米

　　此墩通体为为紫檀木质地。委角六边形墩面，镶装板心，面下打洼束腰，装上下托腮。每面皆透雕夔龙、夔凤及盘长纹，寓"江山永固，地久天长"之意。

　　此墩做工精良，造型新颖独特，纹饰精美，为典型的乾隆年间家具。

紫檀光素绣墩

清早期

面径28厘米　高52厘米

　　绣墩通体为紫檀木质地。鼓形,腹部有五个镂空海棠式开光,并在开光四周起一圈阳线。绣墩上沿下沿均有一道乳钉纹及弦纹。

　　圆形的垂足坐具由来已久。唐朝时称之为"荃台"。绣墩之名在清朝档案中屡见,它是对坐具上所用皆为绣垫而言。明朝的绣墩比较粗硕,清朝的绣墩向修长发展。这件绣墩是清朝早期的作品。

紫檀四开光绣墩

清早期

面径26厘米　高53厘米

　　绣墩通体紫檀木制作。圆形墩面侧沿与底座的侧面各饰鼓钉纹一匝,并弦纹一道,紧临弦纹内侧饰有缠枝莲纹。墩壁上有相对的四个海棠式开光。

　　此墩造型挺拔,为清早期制品。

紫檀雕如意云头纹绣墩

清早期

面径28厘米　高52厘米

　　绣墩通体紫檀木制作。圆形墩面侧沿与底座的侧面各饰鼓钉纹一匝并弦纹两道，墩壁上满饰如意云头纹，立柱相隔有五个海棠式开光，以绳纹连接上下如意云头。

62

紫檀透雕西洋花纹海棠式绣墩

清中期

直径30厘米　高51.5厘米

　　绣墩通体紫檀木质地，墩面攒框镶板呈
海棠式，面下打洼束腰。牙板及立柱满雕西
洋花纹，柱间有椭圆形绳纹开光，并在里口
透雕西洋花纹。

　　绣墩线条流畅，雕工精细。纹饰美观华
丽，为乾隆时期家具精品。此墩现陈设于漱
芳斋。

63

紫檀雕双螭纹绣墩

清中期

面径34厘米　高50厘米

　　绣墩通体紫檀木制作。圆形墩面下打洼束腰。拱肩处雕蝉纹一圈，并馊空如意云头开光。墩壁上四开光内透雕双螭缠绕圆环。开光四角各雕双螭纹，立柱上衬花叶纹。

紫檀透雕人物六角式绣墩

清中期

面径34厘米　高52厘米

此墩通体紫檀木制作。六边形墩面下打注束腰，浮雕一周如意云头纹，束腰上部装有雕刻祥云纹托腮。墩壁上下两端浮雕莲瓣纹，中间为海棠式开光，开光内分别透雕童子摘桃、持莲、手捧石榴、荔枝等图案，寓"多子多寿"之意。

紫檀雕双蝠纹绣墩

清中期

面径35厘米　高49.5厘米

　　绣墩通体为紫檀木制作。圆形座面攒框镶板。面下带束腰。在腿牙连接处浮雕如意云纹。牙子上雕蝙蝠口衔如意钩，钩上以一对镂空的双鱼纹及双鱼下边的玉璧纹作为墩壁。圆形托泥雕刻有如意云纹脚。

　　此绣墩为乾隆时期作品。这一时期的器物上常常以代表祥瑞的图案作为装饰，但此绣墩样式也不多见。此墩现陈设于体和殿。

桌案类

桌案类家具大体可分为有束腰和无束腰两种类形型。其表现形式又多种多样，如方桌、圆桌、长方桌、炕桌、炕几、平头案、翘头案、架几案等。其中炕几的形式无论是桌形或案形，皆统称为几。在清朝乾隆年以前，这类家具大多是用紫檀木制作的。

66

紫檀独足圆桌

清中期

直径101厘米　高90厘米

圆桌通体紫檀木制作。圆形桌面以紫檀木拼接为框，内镶板心。面下一独梃圆腿，插在底座圆孔中。圆足上端以四个雕花的托角牙子抵住桌面。底座为两个弓形做十字交叉，并有相对的四个站牙。桌面可旋转。

67

紫檀雕西洋花纹半圆桌

清中期

直径137厘米　高84厘米

此桌通体紫檀木制作。桌面圆形边，采用拼接的做法，攒成边框后镶板心。面下带打洼束腰。曲边牙板浮雕西洋花纹，与腿子为挂肩榫相交。腿子呈弧线形，上下两端外翻，亦雕刻有西洋花纹。下端托泥随桌面形。

紫檀透雕双龙纹半圆桌

清中期

直径110.5厘米　高86.5厘米

圆桌通体紫檀木质地。桌面边框用短料攒接成半圆形,侧面冰盘沿。面下束腰,凸雕六块双龙纹绦环板。牙条浮雕西番莲纹,正中垂如意纹洼堂肚,两边透雕双龙纹牙条。桌腿上部雕西番莲纹,两边起阳线。腿间安有弧形底枨,镶有透雕双龙纹的底盘,双翻回纹足。

69

紫檀嵌桦木心方桌

明末清初

长92厘米　宽92厘米　高86厘米

方桌通体为紫檀木制作。桌面由宽大的边框攒接,内侧打槽镶装桦树瘿木板心,外侧平直边沿。面下带束腰,每面中部均设暗抽屉一个,抽屉脸上无拉手,用时需伸手从桌里儿开启。直牙条下有罗锅枨加矮佬攒框式的牙子。方腿直下内翻马蹄足。腿、枨等部件均为打洼做。

此桌俗称"喷面式桌",即桌面探出桌身。它适于棋牌等娱乐活动使用,四面的抽屉为放筹码用。专用的棋牌桌在宋、元时期已经出现。它做工精细,样式独特,是明末清初时期家具精品。

70

紫檀透雕夔凤纹方桌

清早期

长96.5厘米　宽96.5厘米　高87厘米

此桌为紫檀木制作。桌面攒框镶板心，边框四边沿打洼。面下带束腰，相对的两面束腰上分别安设两个暗抽屉，抽屉脸上露出锁眼。牙板下高拱罗锅枨，两端透雕夔凤纹。四方腿直下，内翻马蹄，足雕卷云纹。通体打洼。

71

紫檀长桌

明

长112厘米　宽52.5厘米　高79厘米

长桌通体紫檀木制。桌面四角攒边框镶板心，侧面冰盘沿。面下牙子加牙堵形成一圈。也称"替木牙子"。牙板的牙头与腿子相交处打槽，腿子上部也开槽，夹着牙头与案面衔接。侧腿之间装双横枨，饰打洼线条。此件为明式家具。

紫檀透雕花结长桌

明末清初

长105.5厘米　宽35.5厘米　高81.5厘米

长桌通体为紫檀木制作。桌面攒框装板，侧面冰盘沿。无束腰，桌面与腿牙直接结合。壶门式牙子，在两端的角牙处透雕两枝花结，并在边沿起阳线。圆腿直足，微带侧脚。

此桌造型简练，明式家具特点较为突出。为明末清初时期的作品。

73

紫檀小长桌

清早期

长99厘米　宽35厘米　高82厘米

此桌通体为紫檀木质地。桌面攒框装板心，冰盘式面沿。由于无束腰，腿子之间高拱罗锅枨紧抵桌面。有小牙板填充了腿枨之间的空白。前后两腿间以单根圆横枨相连。圆腿微带侧脚。

桌为案形结构。通常以腿子的不同位置来区分桌案，腿子在桌面四角的为桌，缩进面沿的为案。由于此桌形体较小，所以称之为案形结体的桌子。此桌造型、结构异常简练，不施雕工而颇显素雅。桌中每一部件的运用都恰倒好处。不用罗锅枨则桌面略显单薄；不用牙板则有失稳重，用之仍具秀巧之处。

紫檀雕花牙长桌

清早期

长90厘米　宽36厘米　高82.5厘米

　　长桌通体紫檀木制作。桌面攒框镶板心，侧面冰盘沿。面下无束腰，壶门牙板紧抵桌面。牙板两端铲出云纹牙头，边沿起阳线。圆腿直足，腿子上端开槽，夹着牙板云头与桌面相交，为夹头榫结构。侧腿之间装横枨，镶有上翻如意云头的绦环板，在横枨下有雕花牙条。

　　此桌是案形腿，由于体积较小，所以归属桌子类，是清早期家具精品。根据档案记载，此物原为绛雪轩之陈设，绛雪轩位于御花园内。

紫檀镶方胜纹卡子花长桌

清早中期

长135厘米　宽39厘米　高85厘米

　　长桌通体为紫檀木质地。桌为四面平式。桌面攒框镶板。腿与桌面大边、抹头采用粽角榫连接。正面横枨上有两个三连方胜纹卡子花，侧面则为一个双连方胜纹卡子花。横枨起双边线，内侧铲地雕螭纹，两端用绳结将腿部浮雕的如意云头牙子，牢牢的捆绑在腿子上。方腿直足，下踩覆莲头。

桌案类

紫檀镶绦环板长桌

清早中期

长142.5厘米　宽78厘米　高86.5厘米

　　长桌通体为紫檀木制。面下无束腰，混面边沿。腿之间有横枨，枨与桌面之间镶绦环板，正面五个扁圆形开光，侧面单一扁圆形开光。

紫檀透雕团螭纹长桌

清早中期

长98.5厘米　宽49.5厘米　高88厘米

　　长桌通体为紫檀木质地。桌面攒框。面沿平直，面下低束腰。牙条下高拱罗锅枨。腿、牙内侧夹角饰镂空团螭纹及云纹卡子花。桌子正反面各安有抽屉两个。面沿、牙子和腿足均打洼线。方形直腿，大挖马蹄足。

紫檀雕绳纹拱璧长桌

清中期

长143.5厘米　宽48厘米　高86厘米

　　长桌通体紫檀木质地。桌面攒框镶板。
面下高束腰, 饰绳纹拱璧。牙条上浮雕玉宝
珠纹。直腿下端内翻, 卷云纹马蹄。

79

紫檀透雕夔龙纹铜包角长桌

清中期

长144厘米　宽39厘米　高86.5厘米

长桌为紫檀木质地，桌面四边攒框镶板心。侧面冰盘沿线角。面下打洼束腰。桌角、束腰及牙、腿拱肩处，均包镶铜饰件。券口牙子透雕夔龙纹。直腿内翻马蹄。

此桌为乾隆年制作。

紫檀雕回纹长桌

清中期

长191厘米　宽45厘米　高87厘米

　　长桌通体紫檀木质地。桌面攒框镶板心。侧沿饰有阳线与腿子线条交圈。牙板两端出牙头，浮雕回纹。案型腿之间镶圈口，皆饰阳线。腿下带托泥。

紫檀嵌珐琅西番莲纹长桌

清中期

长144.5厘米　宽64厘米　高84.5厘米

桌面以紫檀木四边攒框，漆面心。面沿雕回纹，四角用西番莲纹珐琅片包角。面与桌腿之间装饰一宝瓶。透空回纹牙子、托角牙及腿上皆嵌有西番莲纹珐琅片。直腿内翻回纹马蹄。

此桌为乾隆年制作。

紫檀雕云蝠纹长桌

清中期

长191.5厘米　宽69厘米　高89厘米

　　长桌通体为紫檀木质地。面的大边、抹头与腿子为粽角榫相交,为四面平做法。桌面与腿之间以浮雕云蝠纹牙条镶成圈口。腿间以横枨连接,雕内翻长拐子纹四足。

　　此桌具备了案与桌的特点,从它的整体尺寸看,更适宜做画案。为乾隆年间作品。

紫檀嵌银丝仿古铜鼎式桌

清中期

长115.5厘米　宽48厘米　高86.5厘米

此为紫檀木制作的仿古青铜鼎式桌。桌面边沿饰回纹，面下有回纹束腰，托腮上起线，桌牙边沿凸起，框上起线，框内回纹锦地雕夔龙纹，两侧牙条正中嵌兽面衔环耳。四腿外撇，侧沿起框，上嵌回纹，框内绘双龙纹，侧沿起脊。

此桌仿古造型，工艺复杂精湛，给人典雅古朴之感。

紫檀雕西番莲纹铜包角长桌

清中期

长127.5厘米　宽32.5厘米　高87.5厘米

桌面以紫檀木攒边框，镶装板心，侧面冰盘沿。面下带打洼束腰。桌面及束腰四角处均安有镀金铜包角。牙条正中浮雕西番莲纹。腿牙夹角处有雕刻西番莲纹托角牙。拱肩处亦饰西洋花纹。四腿饰混面单边线，錾花铜镀金套足。

此桌为乾隆时期作品。

紫檀嵌桦木心雕水波纹长桌

清中期

长145厘米　宽47.5厘米　高86.5厘米

　　长桌通体紫檀木质地。桌面攒框镶桦木板心。四角均装铜包角。侧面冰盘沿下带束腰，浮雕水波纹。牙条上雕变形兽面纹，云纹牙头。腿、牙相交处也饰铜包角。直腿下端有铜套足。

紫檀嵌桦木心雕蕉叶纹长桌

清中期

长143厘米　宽37厘米　高85厘米

长桌为紫檀木制。光素桌面攒框镶桦木板心，侧沿混面。面下打洼高束腰，浮雕蕉叶纹。四腿直下，内翻卷云足。四腿之间均安有硬角罗锅枨。

此桌为典型的清式家具，制作于乾隆时期。

87

紫檀雕云龙纹长桌

清中期

长145.5厘米　宽39厘米　高84.5厘米

长桌通体为紫檀木质地。桌面攒框镶板心。混面侧沿。面下高束腰，并雕刻有云龙纹。直腿下端由内向外翻卷，呈较为夸张的接足造型。

紫檀透雕西洋花纹长桌

清中期

长174厘米　宽45厘米　高88厘米

　　长桌通体为紫檀木制作。桌面攒框镶
板心。面下打洼束腰，并加装莲纹托腮。券
形花牙透雕西洋卷草纹。直腿内翻卷草纹
马蹄。

紫檀雕西洋花纹长桌

清中期

长154厘米　宽40.5厘米　高87厘米

　　长桌通体为紫檀木质地。桌面四角攒边
框镶板心。面下束腰平直。券形曲边牙子，
雕刻西洋花纹。直腿内翻卷云足。

紫檀雕西洋花纹长桌

清中期

长130厘米　宽59厘米　高80厘米

　　长桌通体为紫檀木质地。桌面攒框镶板心。面下束腰平直。宽大的券形曲齿牙子，雕刻西洋花纹。直腿内侧起阳线，卷云式足。

紫檀雕蕉叶纹长桌

清中期

长185厘米　宽68.5厘米　高85厘米

　　长桌通体为紫檀木质地。桌为四面平
式。桌面攒框镶板心。面下打洼束腰，雕刻蕉
叶纹。大垂洼堂肚式牙子。直腿内翻马蹄。

紫檀漆面透雕夔龙纹长桌

清中期

长195厘米　宽50.5厘米　高84厘米

　　此桌为紫檀边框，漆心桌面。混面边沿
下带打洼束腰。腿、牙内侧夹角处有透雕夔
龙纹托角牙子，两侧为券形牙子。直腿内翻
马蹄。

紫檀雕夔龙纹长桌

清中期

长219.5厘米　宽163.5厘米　高86.5厘米

　　长桌通体为紫檀木质地。桌面攒框镶板心，侧沿平直。面下打洼束腰，雕刻夔龙纹连环绳纹、花结。上下加装托腮。洼堂肚式牙子雕刻夔龙纹。直腿内翻回纹马蹄。

紫檀嵌乌木雕凸字纹长桌

清中期

长180厘米　宽74厘米　高85厘米

此桌为紫檀木制作。桌面上嵌乌木拼接组成的凸字锦纹，面下高束腰。腿子上部有宝瓶连接桌面。牙板上雕刻连环绳纹、绳结。腿、牙内侧夹角有卷云纹托角牙子。直腿内翻回纹马蹄。

95

紫檀透雕卷云纹长桌

清中期

长207厘米　宽64厘米　高93.5厘米

　　长桌通体为紫檀木制作。桌为四面平式。桌面为四边攒框镶板心。腿子与桌面粽角榫相连。透雕卷云纹、拐子纹牙子直抵面沿底部。直腿内翻回纹马蹄。

紫檀雕回纹长桌

清中期

长161厘米　宽45厘米　高90.5厘米

　　长桌通体为紫檀木质地。桌面攒框镶板心，侧沿平直。面下带光素束腰。券形牙板下沿雕刻回纹及云纹。直腿内翻回纹马蹄。

　　此桌制作于乾隆年间，其中回纹是清代中期以后常见的纹饰之一。

紫檀雕水波纹长桌

清中期

长152厘米　宽48厘米　高90厘米

　　长桌通体为紫檀木制作。桌面攒框镶板心，侧沿平直。面下带束腰，雕刻水波纹饰。腿与牙板内侧起阳线交圈，夹角处装有托角牙子。方腿直下，内翻回纹马蹄足。

紫檀雕回纹长桌

清中期

长144厘米　宽41厘米　高84厘米

　　长桌通体为紫檀木质地。桌面攒框镶板心。侧面冰盘沿。面下光素打洼束腰，上下有托腮。牙板下沿雕刻回纹。直腿内翻马蹄足。

　　此桌制作于乾隆年间。桌的腿是为明式家具风格的内翻马蹄，而桌的牙板为典型的清式家具式样，由此显示出明式家具向清式家具转变的最后阶段。

99

紫檀雕云纹长桌

清中期

长216厘米　宽64厘米　高86厘米

　　此桌为紫檀木制作。桌面攒框镶板心。面下打洼高束腰，加装托腮。洼堂肚式牙板，两端饰云纹。直腿内翻马蹄。

紫檀雕回纹长桌

清中期

长161.5厘米　宽57.5厘米　高93厘米

长桌通体为紫檀木制作。桌面攒框镶板心。面下束腰浮雕回纹。牙板中部洼堂肚式，雕刻回纹，两端呈阶梯状。直腿内翻回纹马蹄足。

紫檀雕卷云纹长桌

清中期

长135厘米　宽34.5厘米　高87厘米

　　长桌通体为紫檀木制作。桌面攒框镶板心，无束腰。牙板直抵桌面下沿，中部雕刻卷云纹，直腿内翻回纹马蹄足。

　　此桌制作于乾隆年间，桌腿稍有缩进桌面的做法，被成为"喷面"。

紫檀透雕拐子纹长桌

清中期

长143厘米　宽71厘米　高83厘米

　　长桌通体为紫檀木制。桌面攒框镶板心，侧面冰盘沿。面下带束腰，下边加装莲瓣纹托腮，束腰透雕拐子纹。牙板中部垂洼堂肚，两边透雕卷草纹托角牙。直腿内翻马蹄足。

　　此桌制作于清朝中期，牙板的形式、雕刻的花纹以及束腰上透雕的花纹，都反映出清式家具的特征。

紫檀雕花卉纹绦环板长桌

清中期

长172.5厘米　宽46.5厘米　高84.5厘米

　　此桌紫檀木质地。光素桌面，混面面沿。四腿上端镟出宝瓶式，与桌面衔接。正、侧面枨子裹腿交圈。枨与桌面之间矮佬做成宝瓶式，并分成三格，每格镶透雕花卉纹绦环板。圆腿下端饰宝瓶式足。

　　此桌制作于乾隆年间，桌子上带着明显的建筑风格，这是清中期以后常见的纹饰。

紫檀漆面长桌

清中期

长160.5厘米　宽40厘米　高85.5厘米

长桌紫檀攒边框，漆心桌面，侧沿饰皮条线。面下束腰打洼。腿子之间装横枨，有矮佬连接枨子与牙板。正面跨度较大，施四个矮佬，侧面只有一个矮佬。方形直腿。腿、牙均饰皮条线。

此桌制作于乾隆年间。桌侧沿、腿子的皮条线纹，是清中期常见的纹饰之一。

紫檀雕莲瓣纹长桌

清中期

长192.5厘米　宽48厘米　高92厘米

　　长桌通体为紫檀木制。桌面攒框镶板心，侧面冰盘沿。面下带打洼束腰，加装上下托腮，牙板上沿雕刻莲瓣纹，牙板与腿子内侧夹角处有透雕拐子纹托角牙。直腿内翻回纹马蹄足。

　　此桌制作于乾隆时候，其中角牙及回纹马蹄反映出清式家具的特点。

紫檀雕玉宝珠纹长桌

清中期

长185厘米　宽68.5厘米　高85厘米

长桌用紫檀木制成。桌面攒框镶板，侧面冰盘沿上雕绦环线。面下打洼束腰浮雕蕉叶纹。束腰下有托腮。牙条中间垂洼堂肚，浮雕玉宝珠纹，两端雕刻回纹。直腿内翻云纹足。

此桌制于于乾隆年间，其中牙板用料较大，且有雕工，反映了清式家具制作中不惜用料用工的特点。

紫檀描金花卉纹长方桌

清中期

长167厘米　宽70厘米　高87厘米

　　长桌为紫檀木制。攒框桌面,侧沿起双
边线。面下带束腰。饰洒金嵌螺钿蝙蝠纹及
缠枝莲纹。束腰下加装托腮。牙板呈阶梯
状,中央垂洼堂肚。方材直腿,描金回纹足。
面沿、牙板及腿上均有张照描金绘灵芝、
梅、兰、竹、菊等花卉纹饰。面沿及牙板上阴
刻填金张照题诗及款识。

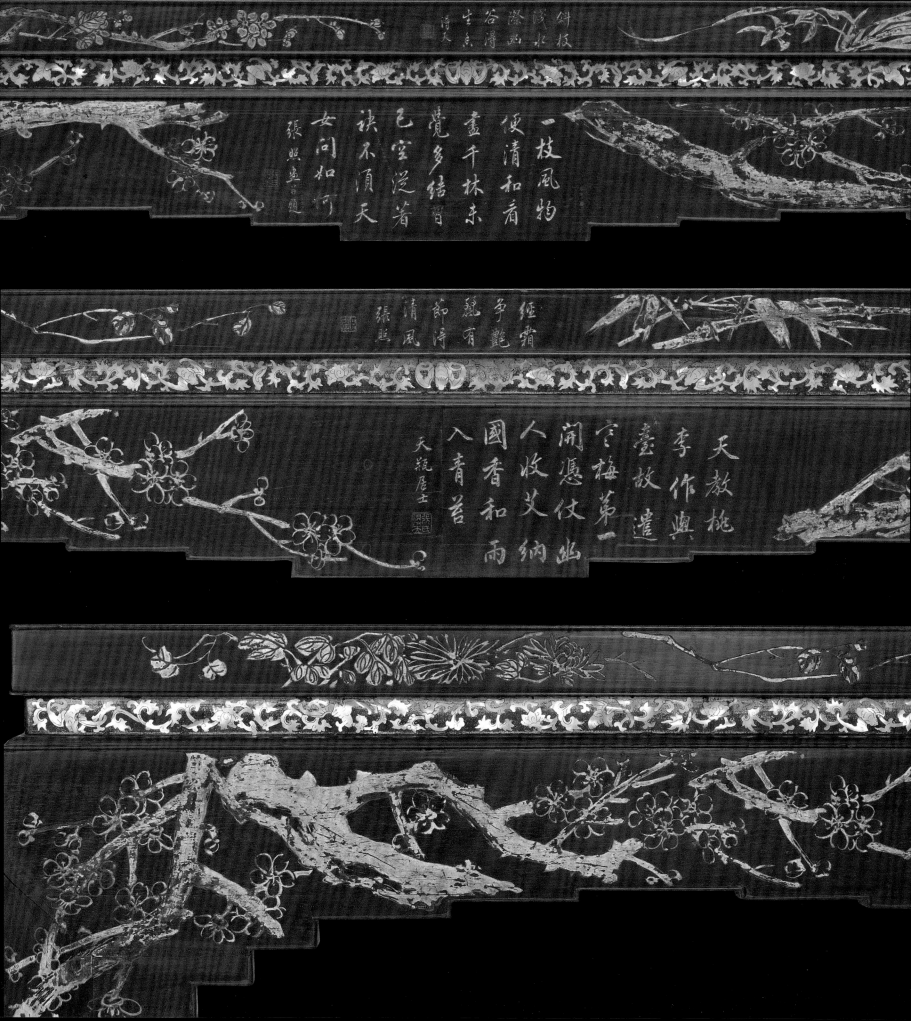

紫檀透雕结子花长桌

清中期

长157.5厘米　宽56厘米　高87厘米

　　长桌为紫檀木制。桌面攒边镶落堂板心，板心上鬃菠箩漆与框边齐平，侧面冰盘沿。面下带束腰，雕结子花并馊出菱形开光，束腰上下有托腮。牙条透雕攒拐子纹，两侧腿间安横枨，横枨上有透雕拐子纹绦环板，下镶攒拐子纹挡板，罗锅式底枨，卷书式足。

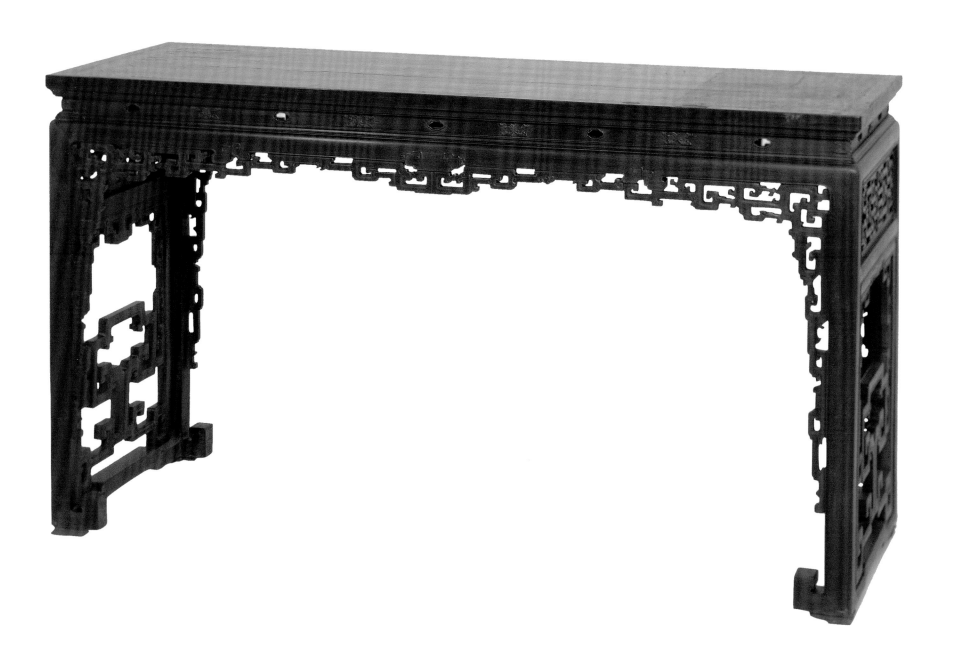

109

紫檀透雕卷草纹长桌

清中期

长191厘米　宽56.5厘米　高87厘米

　　长桌通体为紫檀木质地。典型的四面平式。面侧沿浮雕卷草纹，面与腿内侧夹角处有透雕卷草纹角牙，两腿之间攒接拐子纹加硬角罗锅枨。枨子与桌面有透雕卷草纹卡子花连接，枨子及腿均浮雕卷草纹，内翻回纹马蹄。

　　此桌为典型的清式家具风格，制作于乾隆时期。

110

紫檀雕绦环线长桌

清中期

长116厘米　宽39厘米　高81厘米

长桌通体紫檀木质地。光素桌面，攒框镶装板心，侧面冰盘沿。面下有束腰，浮雕绦环线。束腰下有托腮，以短料攒接拐子纹牙条。四腿及牙条里口起线，并交圈。内翻回纹马蹄。

用短料攒接是清朝苏作家具的一个特点。此桌带有明显的清式家具风格，为乾隆时期作品。

111

紫檀攒棂角长桌

清中期

长174厘米　宽45厘米　高88.5厘米

长桌为紫檀木质地，四面平式造型。桌面与腿直接用粽角榫连接，以攒棂的手法做成横枨和角牙，以连接和固定腿足。横枨与桌面之间有四个矮佬支撑。方腿，内翻回纹马蹄。

此桌原为养心殿所用之物。养心殿位于隆宗门内，清雍正皇帝以后，成为皇帝起居和处理日常政务的地方。为典型的清式家具风格，制作于乾隆时期。

紫檀雕海水江崖纹长桌

清中晚期

长202厘米　宽45厘米　高87厘米

　　长桌通体为紫檀木质地。攒框镶板心桌面，面沿下高束腰雕刻拐子纹。洼堂肚式牙子雕刻海水江崖及荷花纹。腿、牙内侧夹角处有透雕西洋卷草花纹托角牙。腿子为展腿式，内翻马蹄足。

　　此桌制作于乾隆时期。其中腿子的做法较为特异，它在前期三弯腿、展腿等做法之后发展而来的，是清式家具特有的样式。

113

紫檀雕卷草纹长桌

清中晚期

长141厘米　宽34厘米　高82厘米

此桌以紫檀木攒边框，桌面镶板心。面下高束腰浮雕绦环线及卷草纹。腿子上部呈宝瓶式。洼堂肚式牙子饰变体饕餮纹。两边有短料攒接的角牙。腿子上下加装横枨，为案形腿。

此桌为乾隆年间制作。长桌腿下安装枨子，是较为特殊的做法，它与托泥的做法有些差异，托泥是在腿足下边。与腿足平或靠上的位置，被称之为"管脚枨"，这种做法可以使腿子更加牢固。

114
紫檀透雕西洋卷草花纹长桌

清中晚期

长82.5厘米　宽45.5厘米　高83厘米

　　长桌通体为紫檀木质地。桌面攒框镶板心光素，侧沿平直。面下高束腰。透雕西洋花纹牙子，高探到面沿底部。展腿上端雕西洋卷草花纹，下端高卷花叶纹足。

　　此桌雕工繁琐，为清中后期制作，它属于展腿式的做法。从腿子的雕花处以上形似炕桌，而腿子雕花处以下有如接上一般，这是长桌中的一个类型。

紫檀透雕拐子纹长桌

清晚期

长175.5厘米　宽70厘米　高89厘米

　　长桌通体为紫檀木质地。面下腿子上部圆雕成四个短柱。腿间罗锅枨子上有雕刻莲瓣纹的矮佬,呈短柱样,并分出六格,格内镶有拐子纹及梅花的绦环板。腿子镟成立柱式,足下连接托泥。

　　此件家具成做于清朝末期,俗称为"海派家具"。

紫檀透雕勾莲纹长桌

清中晚期

长192厘米　宽44.5厘米　高86厘米

　　长桌通体为紫檀木质地。桌为四面平式。桌面攒框镶板心，侧沿饰卐字纹，腿子与桌面边框以棕角榫相交。面下无束腰，宽大的券形牙板直抵桌面下沿，并透雕勾莲纹。直腿上满雕卐字纹。

　　此桌制作于乾隆年间，牙板上透雕的花纹，是清代后期家具制作的特点。

紫檀云纹牙条案

明

长236厘米　宽42厘米　高86厘米

　　条案通体紫檀木质地，案面攒框镶板。侧面冰盘沿，面下无束腰，长牙条紧抵案面。牙板两端大挖云纹牙头。圆腿直足，上端开槽夹着牙头，并与案面相交。侧面两腿之间装双横枨。四腿侧脚收分明显。

　　此案形体较大，通体用紫檀制作，材质非常难得。制作于明朝，为典型的明式家具。

紫檀书案

明

长233厘米　宽93厘米　高85厘米

　　书案通体为紫檀木质地，案面攒框装板心。侧沿中间及下沿起阳线。面下无束腰。腿子上做双混面双边线，并且在上段打槽装牙板。腿子夹着牙头与案面相交，此为夹头榫结构。前后腿之间以梁架式结构相连，案形腿结构，下端装有托泥。

　　从条案所用大料以及造型来看，器物颇具厚重。同时也可从案腿上看到家具与建筑的密切关系。此案为明代器物。它用料上乘，整体古朴无华，在明式家具中用此紫檀大料堪称经典之作。

紫檀透雕凤鸟纹平头案

明

长305厘米　宽64厘米　高91.5厘米

　　此案为紫檀大料制成，案面为板材拼粘。牙板雕卷草及凤鸟纹，并贯穿两腿，与牙堵交圈，并直抵案面下沿。牙板与腿子相交处出牙头。腿子上端开槽，夹着牙头与案面衔接。此种做法名为夹头榫结构。腿子正面做双混面双边线。案形腿中间以横枨分出上下两格，均装有雕刻螭纹的绦环板，下端承托泥。

紫檀云头牙平头案

清早期

长90厘米 宽36厘米 高82.5厘米

平头案通体紫檀木制作。攒框镶板桌面。面下壸门牙子，牙头馊出云头形，边缘起阳线。两侧腿间装单横枨，枨上镶绦环板，正中开光，雕上翻的如意头。枨下有雕花牙子。圆腿直足。

121

紫檀雕夔龙纹平头案

清早期

长243厘米　宽50厘米　高86厘米

平头案通体为紫檀木制作。案面为攒框镶板，侧沿冰盘沿。面下无束腰。牙板饰卐字纹及夔龙纹，两端与牙堵交圈，并直抵案面下沿。方形直角牙头，腿子上端开槽，夹着牙头与案面衔接，名为夹头榫。案形腿做双混面双边线，前后腿之间上下安横枨。腿子与托泥相接。

紫檀雕回纹长案

清早期

长192厘米　宽41.5厘米　高90.5厘米

　　长案通体紫檀木质地。光素案面，侧沿平直。面下无束腰。牙子雕刻回纹，呈阶梯状，分置在两端并紧抵案面下沿。腿子上端开槽，各夹着一牙头与案面衔接。案形腿结构，加装挡板，中间开光，四周雕刻饕餮纹，下有托泥。

紫檀雕云纹长案

清早中期

长194厘米　宽44.5厘米　高90厘米

长案通体为紫檀木制成。板材拼粘案面，面沿光素平直。面下无束腰。牙子分成两个牙头，满雕云纹。腿子上端开槽，夹着牙头与案面衔接。案形腿之间装绦环板，分别透雕有海马献图及云凤纹。下承托泥带束腰。

紫檀雕灵芝纹画案

明末清初

长171厘米　宽74.4厘米　高84厘米

　　此案用紫檀木大料制成，案面攒框镶板。面下带束腰。几案式腿向外膨出后又向内兜转，与鼓腿膨牙式相仿。两侧足下有托泥相连，中部向上翻出灵芝纹云头，除桌面外通体雕刻灵芝纹。

紫檀大画案

明末清初

长231厘米　宽69厘米　高88.5厘米

　　画案通体为紫檀木制作，案面为喷面式，面沿平直。面下有光素的束腰。直牙条下高拱罗锅枨。枨上连接矮佬。直腿内翻马蹄足。

　　案为桌形结构，由于形体较大通常称为案。

紫檀雕灵芝纹画案

清早中期

长180厘米　宽70厘米　高86厘米

　　画案通体紫檀木质地，桌面四边攒框镶板心。侧面冰盘沿下带束腰，雕绦环线，下面加装托腮，牙条满饰灵芝纹。腿、牙内侧夹角处，有透雕灵芝纹托角牙。方腿拱肩处饰灵芝纹，并与牙条抱肩榫相交。直腿内翻回纹马蹄。

　　古人认为灵芝是仙草，有百毒不侵之功效，同时认为灵芝出现是吉祥征兆，并被列入下八珍。因此在许多器物上运用这种吉祥图案。此桌是乾隆时期的家具珍品。

紫檀雕回纹长案

清中期

长192.5厘米　宽42厘米　高88.5厘米

　　长案通体紫檀木制作。四角攒边框镶板心桌面。面侧沿雕刻回纹。面下牙板带堵头形成一圈。腿子上端打槽，夹着牙板的牙头与桌面衔接，此为夹头榫结构。两侧案型腿结构，腿间上下装横枨形成边框，框内装圈口。腿下接带束腰的阶梯形托泥座。此桌为乾隆时期作品。

128

紫檀雕夔龙纹长案

清中期

长116.5厘米　宽38.5厘米　高83.5厘米

　　长案通体为紫檀木制作。攒框镶板案面、侧沿打洼出槽面，下无束腰。牙板两端与牙堵交圈，并直抵案面下沿。牙板与腿子相交处有夔龙纹牙头。腿子上端开槽，夹着牙头与案面衔接，名为夹头榫。腿子正面打洼出槽。案形腿中间以横枨分出上下两格，均装有绦环板。下端管脚枨。托泥上有束腰。

紫檀雕西番莲纹大供案

清中期

长236厘米　宽84厘米　高97厘米

　　大供案通体用紫檀木制成。桌面长方形，高束腰以矮柱分为数格，上嵌装浮雕双龙纹的绦环板，束腰上下装莲瓣纹托腮，牙条厚硕，铲地雕西番莲纹。三弯腿上也铲地雕西番莲纹，外翻马蹄，下承托泥。

　　此为桌型结构，体积较大，属于案类家具。

紫檀雕花卉纹架几案

清中期

长289厘米　宽45厘米　高94厘米

　　此架几案通体为紫檀木质地。由案面、几座组成。案面通体光素，侧沿平直。几座为方形，四腿与上下帐子攒边成框架，框内镶雕花卉绦环板，腿下附有方座式托泥。

　　此架几案为一对，现陈设在养心殿东、西墙前。

紫檀雕花卉纹架几案

清中期

长490.8厘米　宽70.8厘米　高100厘米

此架几案通体为紫檀木质地，由几座与案面组成。几座自身为一完整的几子，有几面及板腿，腿上镶有雕刻花卉纹的绦环板，下端内翻卷书式足。由于此案体积超大，所以采用三个几座支撑案面。

此架的特异之处还在于，由于是为乾清宫量身定做，其中间几座的后腿须要安放在柱础石上，所以此腿较其他腿略短。此案为一对，分别陈设在乾清宫东、西墙前。

紫檀透雕云蝠纹架几案

清中期

长386厘米　宽57厘米　高88厘米

架几案通体为紫檀木质地，由两个几座、一个案面组合。案面系紫檀板材拼粘而成，侧沿上满雕云蝠纹。几座带束腰，四腿为框，内镶透雕云蝠及寿桃纹组合的绦环板，中间开光。管脚枨下承龟式足。

133

紫檀嵌画珐琅雕夔龙纹翘头案

清中期

长256厘米　宽51.5厘米　高107厘米

　　翘头案桌框架为紫檀木质地。紫檀木板材拼接案面，桌两端翘头呈卷书式。面下牙板镂出牙头，雕刻饕餮纹及西洋卷草纹，并镶嵌夔龙纹画珐琅片。上枨边为画珐琅如意云头纹，案形腿上饰虬纹及拐子纹，下端向内双翻回纹及花叶纹，前后腿之间装满雕云龙纹绦环板。腿下托泥为须弥座式，带束腰，上下有仰覆莲花瓣。卷云式足。

紫檀炕桌

明末清初

长89厘米　宽41厘米　高32厘米

　　炕桌通体紫檀木质地。攒框镶板心光素桌面。混面边沿下饰打洼束腰。洼堂肚式牙子，混沿起阳线，鼓腿膨牙，内翻马蹄。

　　此炕桌造型美观，线条流畅，具有典型的明式家具风格，为明末清初时期的作品。

紫檀雕莲瓣纹炕桌

清早期

长108.5厘米　宽70.5厘米　高37.5厘米

炕桌通体紫檀木质地, 桌面攒框镶板。
侧面冰盘沿下雕刻莲瓣纹。打洼束腰。在牙
子上边缘浮雕如意云头纹, 并前后交圈。牙
子下边缘起卷云纹阳线, 与腿子内侧阳线
相连。鼓腿膨牙, 内翻回纹马蹄。

紫檀镂雕莲荷纹炕桌

清早期

长90厘米　宽50厘米　高32厘米

炕桌通体紫檀木制作。桌面攒框镶板，面下带束腰。鼓腿膨牙，内翻马蹄。在桌面侧沿、束腰、洼堂肚式牙子及腿足上，满饰密不露地的荷花、莲蓬纹。

此炕桌上纹饰与图1紫檀镂雕莲荷纹罗汉床系配套之物。质地相同，设计、构图、制作工艺等风格完全相同，显然出自一家之手。从造型、工艺及用料上看，属于广式做法，是清朝早期家具精品。

137
紫檀嵌桦木心炕桌

清中期

长90厘米　宽59.5厘米　高32厘米

炕桌框架为紫檀木质地。桌面以紫檀木攒框镶桦木板心。混面侧沿下无束腰。圆腿间双枨为裹腿做，大边一侧用双套环卡子花，短边一侧单套环卡子花。下面为罗锅式枨子。

此桌有明显的明式家具风格。用料较大，有厚重、敦实之感。为清朝早期作品。现陈太极殿西稍间。

紫檀腰圆式脚踏

清早期

长72.5厘米　宽36厘米　高17厘米

　　脚踏通体为紫檀木质地。呈腰圆形，即两端外圆中间内圆。面心装板。面下带束腰。鼓腿膨牙，内翻马蹄足。

　　脚踏是为高形垂足坐具或床前歇脚之用。尤其是在宝座前，都要有配套的脚踏。此脚踏为一对，是清宫中大炕之前的摆设。

柜橱类

橱一般用于存放食品或与食品相关的容器，还可存放杂物。明朝的柜橱，一般形体较大，面下边有抽屉，再下边是柜门或镶板，无柜门的则为闷户橱。三个抽屉称"三连橱"，四个抽屉则称为"四连橱"。清朝的柜橱形体较小，多为齐头立方式。柜的种类较多，独立的称为"立柜"，还有两节柜甚至多节柜，一般称为"顶竖柜"。清朝柜格的工艺很多，除描金、戗金外，镶嵌宝石、珐琅等也不乏其数，更多的是紫檀雕花柜格。

紫檀雕耕织图顶竖柜

清早期

长94厘米　宽42厘米　高200厘米

　　此柜主体为紫檀木制作。顶柜两节叠落，四扇门对开。门板心上分别有对称的满月式、梅花式、海棠式、花瓣式及委角长方形开光。其中雕刻有"雍正耕织图"十一幅，开光之外衬以云纹地。边框嵌铜制面叶、合页，安有鱼形拉手。四腿直下，包铜套足。

　　此柜四件组成，俗称"四件柜"。每两件为一对，此为其中一对。其紫檀的材质、造型、工艺充分体现了清朝前期的家具风格。

紫檀雕云龙纹顶竖柜

清中期

长194厘米　宽84厘米　高390厘米

柜为紫檀木质地。分上下两节。每节各有两门对开。边框及立拴上分别有铜面叶、合页及拉环。门框内沿起阳线，框内打槽镶板。板心长方委角，开光内雕刻云龙、火珠、海水纹。柜底部为暗仓，以膛板为盖。前脸板心及腿子之间牙板上雕刻二龙赶珠纹。方腿下端安装铜套足。

此顶竖柜不但形体较大，而且是成对制作。它是清朝中期专门为高大宫殿摆放而制作的。

141
紫檀雕西洋花纹顶竖柜

清中期

长172厘米　宽84厘米　高297厘米

柜为紫檀木质地。分上下两节。上为顶柜，光素边框，立栓居中，两侧对开方形门。门子攒框镶板心，满雕西洋花卉纹。下节为竖柜，立栓两侧呈长方形门。所镶板心也雕刻西洋花纹。门子下面是暗仓，以膛板为盖。暗仓前脸镶板心，满饰西洋花纹。方形腿子之间为雕花牙板。

此柜一般为成对制作，排列摆放或相对摆放，所以多称之为"四件柜"。所雕纹饰属巴洛克风格，制作于乾隆时期。现陈列于西六宫长春宫。

花梨雕龙戏珠纹顶竖柜

清中期

长193厘米　宽80.5厘米　高428厘米

此柜为紫檀木质地。共四节, 由七件组合而成。下节为单独一竖柜, 以上每节均为两个箱柜。三节共六个箱柜。尺寸、纹饰完全相同。都是在门子上雕刻龙戏珠纹。柜门上饰有铜面叶、合页及拉手。下节腿子之间安券形牙板。腿下端安铜套足。

这件组合家具, 是世上最高的古代家具。它是乾隆年间专门为坤宁宫制作的。现陈坤宁宫内。

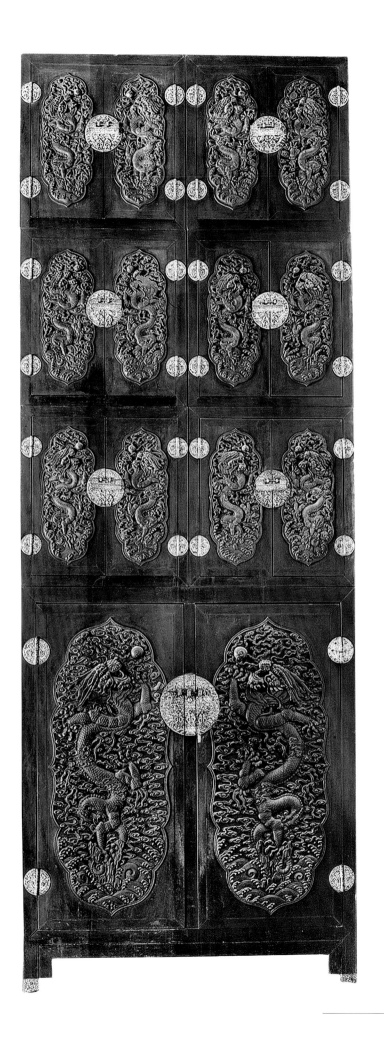

紫檀雕龙戏珠纹弓箱

清中期

长195厘米　宽112厘米　高230厘米

箱为紫檀木质地。从整体造型来看,系仿照建筑形式而造。箱顶加毗卢式帽,顶端蕉叶纹犹如瓦当,往下依次为橡头及斗拱的样式。箱门设在箱子的窄面,上下两节,门子对开,上有楣板,下有裙板,腰间余塞板,酷似建筑模式。门子四角、边框均有包角、合页、面叶、锁等铜饰件。所镶的板面上,均雕刻龙戏珠纹。箱子侧边宽大的板面上,也雕刻龙戏珠纹。箱子下边是鼓腿膨牙,外翻马蹄。壶门式牙板及腿子上,均雕刻龙戏珠纹。

此柜建造于乾隆年间。由于坤宁宫是清代作萨满仪式的场所,所以此弓箱上体现了佛、道等宗教色彩。现在坤宁宫陈列。

紫檀柜格

明

长101.5厘米　宽35厘米　高193.5厘米

　　此柜格通体为紫檀木制作。上下两层格
四面开敞，多用于码放书籍等物品。中间两
层加装栅栏及栅栏门两扇。适用于存放食
物，所以又有"气死猫"之称。正面底枨与腿
子夹角处装角牙，两侧腿之间有券形牙子。

紫檀棂格式书架

明

长101厘米　宽51厘米　高191厘米

　　书架除后背正中贯通上下三层的黄花黎板条外，其余皆为紫檀木质。书架正面开敞，两侧及后皆有短料攒接的棂格，腿足外圆内方。

　　棂格纹样是从"风车式"变化而出。它作为装饰纹样多在建筑上使用。特点是由倾斜的长方形、正方形及几种不等的三角形组成。它是以欹斜中见齐整，简洁中见精致，给人以通透、空灵之感。

146

紫檀柜格

清早中期

长119厘米　宽49厘米　高254厘米

　　此柜格主体为紫檀木制作。上边三层为格，中间加立墙成为六格。每格皆镶有鱼肚形圈口牙板。下边为柜，对开两门。边框及门框上均镶铜质面叶及合页。腿子之间安变体洼堂肚式牙板。

　　格也可称作"亮格柜"。格即是不安门子，有些左右甚至前后皆开敞。由于采光较好，所以也叫作"亮格"。

147

紫檀雕云龙纹柜格

清中期

长112厘米　宽38厘米　高162厘米

　　此柜格主体为紫檀木制作。柜格齐头立方式。上部分出两层格，中间双横枨中立双矮佬，平设三个抽屉，抽屉脸起一圈委角绦环线，中心安铜拉手。每格里口镶雕花圈口牙子。柜下部对开两扇门，柜门四边攒框，安铜制合页、锁鼻，门板心雕刻海水江崖云龙纹。两侧山分为上下两段，雕刻山水、楼阁、树木、人物图。柜门下雕有回纹牙子，中间下垂洼堂肚。

　　此柜做工精细。枨子、矮佬皆做混面双边线，腿子里口起阳线，相互交圈。雕工细致入微，地子平整无棱，为典型的乾隆时期家具精品。

紫檀雕桐荫对弈柜格

清中期

长109厘米　宽35厘米　高182厘米

此柜格主体为紫檀木制作。柜格齐头立方式。格上装镂空套叠方胜形横楣。格下为抽屉，两大四小，皆有铜拉手。屉下部分有对开门两扇，中间立拴，四角攒边框饰双混面双边线，框内侧开槽，镶门心板。一面雕刻"桐荫对弈图"，另一面雕刻"观瀑图"。

紫檀嵌桦木柜格

清中期

长109厘米　宽35厘米　高193.5厘米

　　此柜格以紫檀木为边框。格分两层。每层皆双横枨，以七根矮佬相连并界为八格。格内俱为暗抽屉。并以桦木板材为抽屉脸。格下为柜，对开两门，门心雕刻花草纹。铜质合页、拉手。底枨下有洼堂肚式牙板，方腿直足。

150

紫檀雕西洋花纹立柜

清中期

长102厘米　宽35厘米　高166厘米

　　此柜主体为紫檀木制作。顶竖柜分上
下两节。每节各有两门对开。边框及立拴上
分别有铜面叶、合页及拉环。门框开槽装落
堂板心，铲地雕刻西洋花纹。两侧立山亦如
是。腿间装券形牙子，亦饰西洋花纹，腿下
装铜套足。

151

紫檀雕暗八仙立柜

清中期

长90厘米　宽35.5厘米　高162厘米

　　此柜主体为紫檀木制作。立柜对开两门，门框内落堂镶板，铲地雕云纹间暗八仙纹。边框上嵌铜面叶及合页，安云形拉环。门下有框肚，铲地雕海水江崖间云蝠纹。寓意"福如东海"。两侧山板雕拐子纹间锦结葫芦。

紫檀雕暗八仙立柜

清中期

长90厘米　宽35.5厘米　高162厘米

　　此柜主体为紫檀木制作。顶竖柜分上下两节。每节各有两门对开。边框及立拴上分别有铜面叶、合页及拉环。门框开槽装落堂板心，上节铲地雕刻云纹间轮、螺、伞、盖、花、云、鱼、长八宝纹。下节云纹间有暗八仙纹，两侧立山为锦结葫芦及蝠磬纹。腿间券形牙子，雕刻回纹。

紫檀嵌瓷花卉纹小柜

清中期

长42厘米　宽21厘米　高89厘米

　　此柜主体为紫檀木制作。小柜系仿顶竖柜款式，看似两节叠落，实为独立的一木连做立柜。柜上部二层枨子为劈料作。同时在腿子上起横线与之交圈。正面分三层，对开六扇门，框内嵌堆塑加彩瓷片，分别为"茶花绶带"、"春桃八哥"、"牡丹凤凰"、"玫瑰公鸡"等花鸟图，寓意"官运通达"、"功名富贵"等。回纹边框嵌铜镀金合页及面叶，门下垂两块牙子，镶花卉纹瓷片。两侧山板上分三层镶板心，雕刻"五福捧寿"和以蝙蝠、钱、盘长结组成的"福泉绵长"。柜四腿安铜制套足。

紫檀雕云龙纹小柜

清中期

长38.5厘米　宽19厘米　高69.5厘米

柜为紫檀木质地。顶竖柜式样。与之不同的是，上下为一个整体。上节柜子的底枨，与下节柜子的顶枨，为一木连做。立山中间抹头也如是。正面四扇门子板心上，满雕云龙海水纹。柜子门边安装铜饰件。腿子之间牙板雕刻云纹。下端安装铜套足。

此柜是大顶竖柜的小样。宫廷在制作家具之前，常常要事先制作小样，呈皇帝御览之后，方能正式制作。这是乾隆时期制作的，属于微型家具。

紫檀雕花卉纹多宝格

清中期

长64厘米　宽38.5厘米　高129.5厘米

此柜通体为紫檀木制作。分为两个部分。上半部开敞五格,长方形、方形及不规则形不等,从而使得两山腰抹头的高低位置发生变化。各格前脸皆有雕花圈口牙子。下半部分为柜,对开两门,门上雕西洋卷草纹。边框及门框上分别镶嵌铜质面叶及合页。腿间安雕花牙子。

多宝格的主要功能是摆放工艺品,以便人们观赏。下部分为柜的也可称之为柜格。

紫檀描金花卉纹多宝格

清中期

长92厘米　宽33.5厘米　高140厘米

　　此格用紫檀木制成。齐头立方式。分为五层，每层有透雕夔龙纹花牙、栏杆。立板描金髹黑漆，绘折枝花卉及山水图。两侧山板绘蝙蝠、葫芦，寓意"福禄万代"，后背板绘描金花鸟图。

　　此格为一对，并排陈设，层与层相连，图纹相接，如同一体。

紫檀嵌珐琅云龙纹多宝格

清中期

长96厘米　宽42厘米　高185厘米

柜格为紫檀木制框架，齐头立方式。上部多宝格开五孔，正面及两侧透空，每孔上部镶拐子番莲纹珐琅券口牙子，侧面下口装矮栏。格背板里侧镶玻璃镜。格下平设抽屉两个，抽屉面镶铜镀金镂空缠枝莲纹。两侧面为嵌珐琅云蝠纹绦环板。抽屉下两门对开，镶嵌铜制錾云龙纹面叶、合页及拉手。画珐琅云龙纹门板心，柜下有嵌珐琅缠枝莲纹牙条。

家具中镶嵌珐琅是广作家具的一大特点，尤其是将紫檀木、画珐琅、掐丝珐琅、錾胎珐琅等材质及多种工艺集于一体，更是世间所罕见，所以它堪称乾隆时期家具精品。

紫檀雕夔龙纹花牙多宝格

清中期

长107厘米　宽50厘米　高155厘米

　　此格边框皆为紫檀木制，并攒成大小不
等、形状不等的十几个格子。每格立墙皆有
不同形状的开光底板皆髹黑漆，饰夔龙纹
花牙。此柜格原有底座，不知何时丢失。

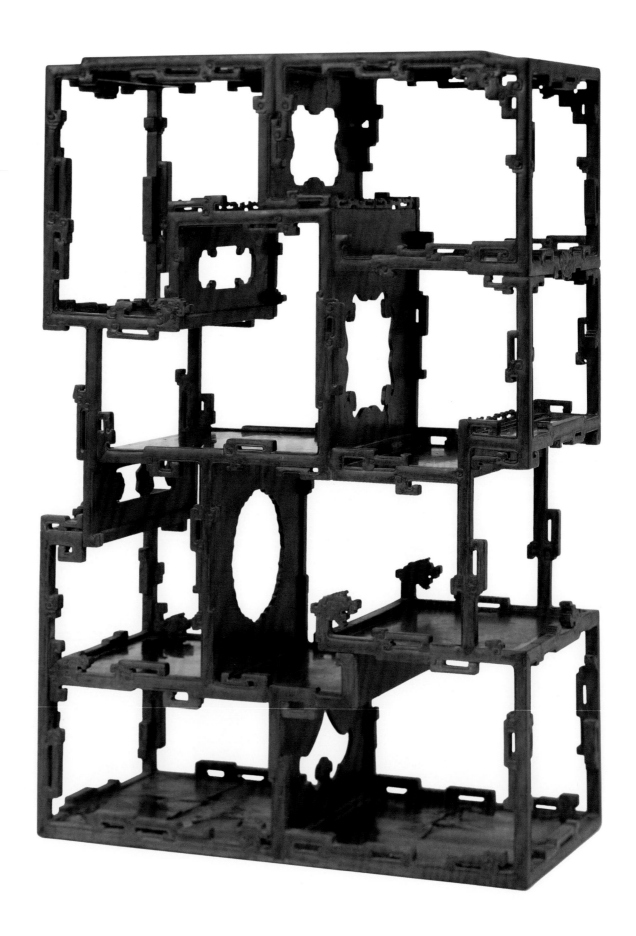

紫檀嵌玻璃柜格

清中期

长99厘米　宽43.5厘米　高140.5厘米

　　此柜格以紫檀木为边框。格分三层，每层前后皆安双枨，枨间有短柱界为四框，框内镶玻璃，以圈口压边。上格顶部加装横枨，并镶螭纹绦环板，中部四个扁圆形开光。两侧山及后背皆镶绦环板开出长方形、扁圆形或海棠花式开光。底枨下为攒接牙子，并饰双环卡子花。足下装铜套足。

几架类

几架类家具一般指炕几、香几、茶几、花几和盆架、衣架、画缸架，还有一些小型的底座，如甪端几座等。在这里它与几案家具的差别在于，几案为长条形或长方形，而几架类家具为方形或接近方形。在宫廷中，几的使用率很高，在宝座两旁摆放的香炉、甪端等，通常都有几座。在床榻之上多用炕几，用于陈放茗瓶茶具等。

160

紫檀一腿三牙炕几

清早期

长89.5厘米　宽29厘米　高32厘米

炕几通体用紫檀木制成。四腿在几面四角为桌形结构。几面攒框镶板，外沿做二劈料。面下无束腰，一裹腿横枨也做二劈料紧抵几里。再下有裹腿罗锅枨加矮佬，中间用短料攒接成长方形。在四角也用短料拼接成托角牙子。这种形式俗称为"一腿三牙式"。腿子微有侧脚并做四劈料。

此炕几的结构及劈料做法是以紫檀材质仿照竹藤制品制成。风格独特，是清朝早期的明式家具精品。

此炕几有几个方面与炕桌不同。首先是进深较炕桌要小，通常在30厘米左右，而小炕桌一般在50厘米左右；第二是所摆放的位置不同。虽然都是在炕上使用，但炕桌都是居中使用，所以大多是单件。而炕几大多成对摆放在炕的两端；第三是功能不同。古代以炕为起居中心的时候，炕桌的作用很多。用餐、读书、写字、招待宾客等等。炕几的作用一般是摆放古玩、书籍等。

紫檀雕如意云纹牙炕几

清早期

长94.5厘米　宽34.5厘米　高34厘米

　　炕几通体紫檀木制成，案形结构。几面攒框装板，面下冰盘沿。直牙条，牙头镂出如意云纹，牙边起阳线。四腿上端开槽，夹着牙头，与几面相结合。俗称"夹头榫结构"。两侧腿之间以横枨相连。枨与几面间装有圈口。圆腿直足。

　　此几与案的形式相同。形体较大的皆称为案。形体较小的在炕上两端成对使用的皆称为几。它是清朝早期的家具精品。

紫檀雕勾云纹炕几

清早期

长102厘米　宽41.5厘米　高41.5厘米

　　炕几为紫檀木质地。攒框镶板心光素桌面。边为冰盘沿,束腰及洼堂肚式牙板上雕刻拐子纹。腿子与牙板起线并交圈。桌面四角、束腰及腿子拱肩处,皆有錾花鎏金铜叶包裹。腿子下端内翻马蹄。

　　此几为清中期制作。其精湛的工艺及不凡的铜饰件,皆显示了清宫造办处的制作水平。现陈西六宫体顺堂东围房。

紫檀雕花叶纹铜包角炕几

清早中期

长78厘米　宽42厘米　高36.5厘米

炕几通体用紫檀木制作。攒框镶板心几面，混面边沿。四角以铜叶包裹。面下打洼束腰，雕刻有花叶纹饰，上下加装托腮。牙板光素并探出几面。圆形拱腿，足下踩圆珠，装铜套足。腿间装圆形横枨。几的造型呈阶梯状，自下而上逐级变小。

紫檀雕回纹炕几

清早中期

长91厘米　宽35厘米　高32厘米

　　炕几系紫檀木制成。几面攒框镶板，侧沿饰浮雕回纹线。面下牙线及上雕回纹，牙头馊成如意云头形。腿面绦环板亦雕饰回纹，侧面两腿间安有横枨，镶长方圈口，圈口两面起阳线一圈，内外浮雕回纹一匝。下承须弥式托座，带龟脚。

　　炕几为案形结构，此几为乾隆时期小型家具中的珍品。

紫檀嵌珐琅寿字炕几

清中期

长100厘米　宽37.5厘米　高35厘米

　　炕几以紫檀木为框架。几面四角攒边框
镶板心。四腿与几面大边、抹头以粽角榫相
交，为四面平做法。直腿内翻回纹马蹄。腿间
用绳纹拱璧式牙子，中间三个完整拱璧，两
侧为半圆形，在拱璧上均嵌有寿字珐琅片。

紫檀嵌瓷卐字纹炕几

清中期

长64厘米　宽28厘米　高28.5厘米

炕几为紫檀木框架。四面平式。几面攒
边镶板心。腿与几面边框棕角榫相交。腿间
装横枨。枨上立四矮佬，界为五格，侧面装
两个矮佬。界为三格，每格内均镶卐字纹瓷
片，并饰描金缘环线。直腿内翻回纹马蹄。
腿上雕有如意云纹。

此几为桌形结构，由于在炕的两边成对
使用，通常称为几。

167
紫檀高拱罗锅枨炕几

清中期

长77厘米　宽33厘米　高35厘米

炕几通体紫檀木质地，几面攒边镶板心，四面平式。腿与几面边框为棕角榫相连。无束腰，腿间高拱罗锅枨，枨上装两对双矮佬。直腿与面沿为双混面双边线与混面双边线横枨阳线相交圈，腿下饰方足。

紫檀透雕夔龙纹炕几

清中期

长95.5厘米　宽35厘米　高37厘米

　　炕几通体用紫檀木制作。三块整料紫檀
板材组成几面及板形腿，在腿子上、下两端
有炮仗洞开光。中间套环式线纹。面沿下有
透雕夔龙纹券形牙子。腿下接内翻卷书足。

　　此炕几现陈设于西六宫之太极殿。

紫檀雕拐子纹炕几

清中期

长92.5厘米　宽30厘米　高32厘米

　　炕几通体为紫檀木质地。案面攒框镶板，冰盘沿下无束腰。牙板与牙头均雕刻勾云纹，并起阳线。前后腿子之间安装圆材横枨。圆腿带侧角收分。

　　此案带有明显的明式家具风格，为清早期制作。由于这种炕案是在炕的两边摆放，所以皆成对制作。此案现陈西六宫体顺堂东围房。

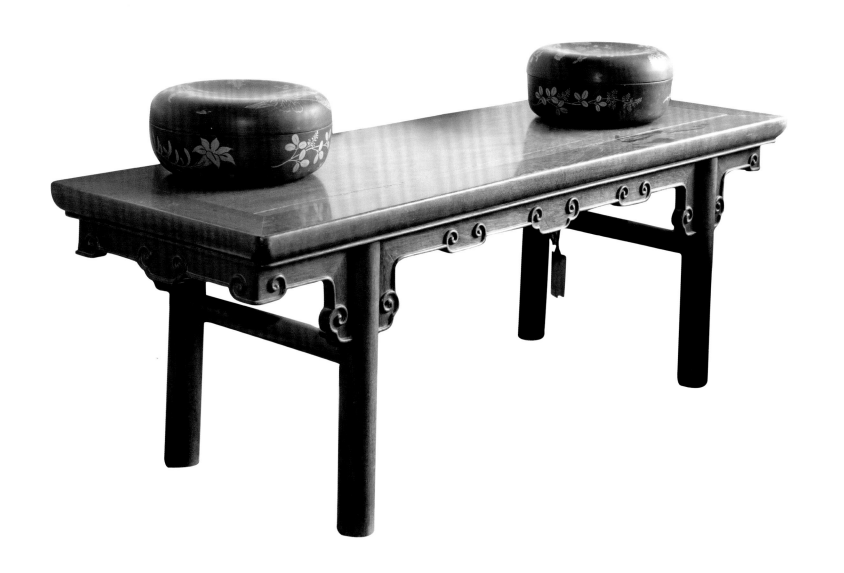

170

紫檀透雕西洋花纹香几

清中期

长41.5厘米　宽41.5厘米　高92厘米

　　此几为紫檀木制成。几面攒框镶板心，
侧面冰盘沿。变形高束腰，圆雕立柱。透雕
西洋花牙子，延伸至枨下。腿子圆雕。方形
托泥四边做壶门形，与足一木连做。

紫檀雕蕉叶纹花六角式香几

清中期

面径39厘米　高87厘米

　　此几为紫檀木制成。几面六边形。冰盘沿上雕刻蕉叶纹。面下高束腰镶绦环板透雕莲花纹。六条腿子做三弯式外翻足。足下托泥也为六边形，带束腰。

　　此香几制作于乾隆年间，是仿明式香几所造，但从三弯腿上可以看出，与明式家具相比，线条不够流畅。

紫檀雕卷云纹香几

清中期

面径37厘米　高90厘米

　　香几通体紫檀木制。几面八角攒边镶
板心，上沿起拦水线。面下高束腰雕刻卷云
纹。束腰前有倒挂的花牙及栏板式花牙。展
腿上端为变体饕餮纹，下端外翻马蹄。足下
有八边形带束腰须弥式座。

　　此几现陈设于养心殿。

紫檀透雕卷草纹双层香几

清中期

直径51厘米　高91厘米

　　香几通体紫檀木质地。双层圆形几面，以五木拼接成。框内镶板心，侧面边沿为浮雕的回纹。上下层面之间有接腿及中间的瓶式立柱连接，立柱内透雕卷草纹站牙相抵，两层的券形牙子皆饰夔龙纹。下层展腿，外翻卷云足，下承圆形托泥。

　　此几制作于乾隆时期，现陈设于漱芳斋。

紫檀雕双虬纹六角式香几

清中期

直径49厘米　高91厘米

　　香几通体紫檀木制。几面六角攒边框镶板心，上沿起拦水线。面下高束腰，满雕双虬纹。束腰上方有倒挂牙子，下方为莲瓣纹托腮。牙板以蕉叶接西洋花纹，上方有乳钉纹与莲瓣纹相隔。展腿为劈料做，拱肩有如意云头纹，下端双外翻回纹足，腿间装管脚枨，装券形勾云纹花牙。

　　此几现陈设于漱芳斋。

175

紫檀镂雕龙纹香几

清中期

长41厘米　宽29厘米　高92厘米

　　香几通体紫檀木制。几面四角攒边框镶板心，侧面冰盘沿，面下高束腰，镶有镂雕龙纹绦环板，下装托腮。牙板正中雕刻正龙，腿上皆为镂雕的盘龙。腿子下方为莲瓣纹底座。

　　此香几制作于乾隆晚期，腿、牙雕刻的如此繁缛，是清式家具固有的特点。

紫檀雕夔龙纹香几

清中期

面径39厘米　高89.5厘米

　　香几通体紫檀木制。几面攒框镶板，侧沿平直，面下高束腰，镶嵌浮雕花纹的绦环板加装托腮。牙板上沿雕刻蕉叶纹，下方有短料攒接高拱罗锅枨子，其间有浮雕夔龙纹绦环板。枨子与腿夹角处饰云纹托角牙子，直腿内翻卷草纹足。下承带束腰台座。

紫檀宝瓶式方香几

清中期

面径35厘米　高104厘米

此几通体紫檀木制。几面四边攒框镶板，四周起拦水线。侧沿饰云纹垛边。面下为宝瓶式立柱，瓶颈四角有卷草纹托角牙。瓶腹上如意云纹开光，内雕十字花纹。瓶下加装托腮。牙条上铲地浮雕云纹至腿的拱肩处。三弯腿，上部云纹翅，外翻云纹足。足下承珠，下有方形托泥带龟脚。

紫檀雕拐子纹方几

清中期

面径45.5厘米　高95.5厘米

　　此几通体紫檀木制。几面攒框镶板，四
边起拦水线。面下束腰雕拐子纹，加装托
腮。腿内侧雕回纹圈口，四周有卡子花和角
牙与腿连接。直腿内翻回纹马蹄。

紫檀雕竹节纹盆架

清中期

直径45厘米　高53厘米

　　盆架通体紫檀木制作。五腿下端叉脚，上下共十根短枨连接五腿。通体雕刻竹节纹。上层枨子承接盆底，下层则为管脚枨。

紫檀雕莲花瓣纹甪端座

清中期

长32厘米　宽23.5厘米　高41.5厘米

　　此座通体用紫檀木制成。座面攒框镶板心，四边下沿雕刻莲花瓣纹，与托腮莲花瓣纹上下呼应。面下高束腰，镶雕花绦环板。壶门式牙子，满饰卷草及拐子纹。三弯腿上馊出飞翅，外翻足。足下连接托泥。

　　甪端座也称为"甪端几"，是乾隆时期作品。现陈设在养心殿。

屏联类

屏风通常具有屏蔽功能。主要种类有座屏、围屏、插屏、挂屏，还有摆放在桌子上、形体较小的桌屏。桌屏中又根据其遮挡的器物，分为灯屏、砚屏等。围屏的形式有一字形或八字形。在宫廷中很多围屏属于典制家具，它们的大小尺寸、样式及内容，被写进典章制度里，这些围屏都有相应的宝座、宫扇等。挂屏及插屏的题材则多来自生活的内容。

紫檀边框嵌金桂树挂屏

清中期

面宽120厘米　高163厘米

挂屏以紫檀木四边攒框。框上雕刻夔龙纹混面，两侧饰双边线。框内侧打槽装蓝地板心。屏心以锤叠金叶工艺做成山石、树木及云朵、明月。配玉质树叶及染牙《御制咏桂》诗。

此物为武英殿大学士、云贵总督李侍尧为乾隆皇帝万寿节时恭进的寿礼。

御製詠桂

金秋麗日霽光鮮恰喜天香映壽
筵應蔔芳姿標畫格一時佳興屬
唫篇廣歌東壁西圍合風物南郊
北塞連幽賞詎惟增韻事更因叢
桂憶招賢

臣 李侍堯恭錄

182

紫檀边框嵌牙仙人福寿字挂屏

（一对）

清中期

面宽60厘米　高130厘米

———————————

　　挂屏为一对，以紫檀木攒边框，框上
镶染牙雕刻的绳纹、双环纹。框内侧打槽
装髹黑漆板屏心，屏心上边染牙《御制罗汉
赞》，下边铜质"福"字槽，装饰染牙山石、
树木及九罗汉图。它与寿字挂屏罗汉合为
十八罗汉。

　　另一幅为寿字，其他工艺皆同。

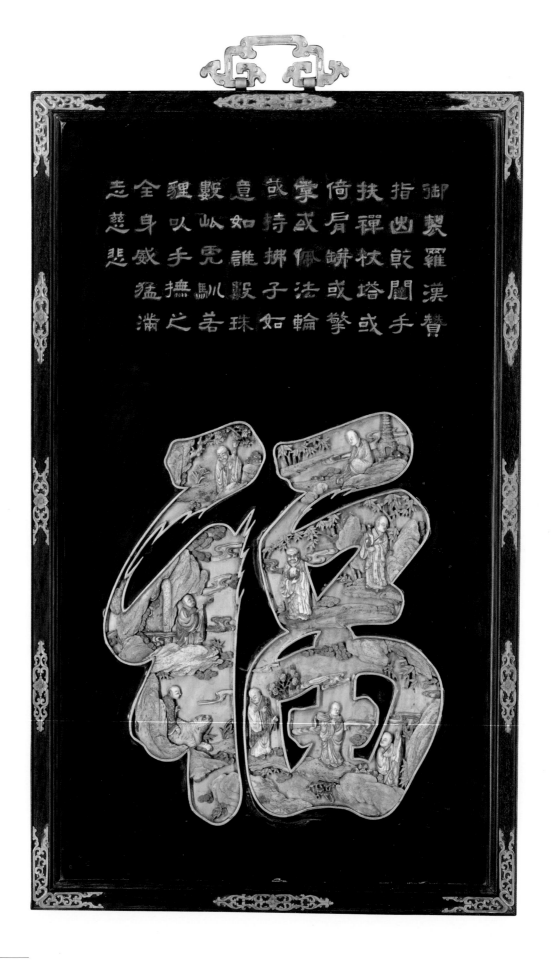

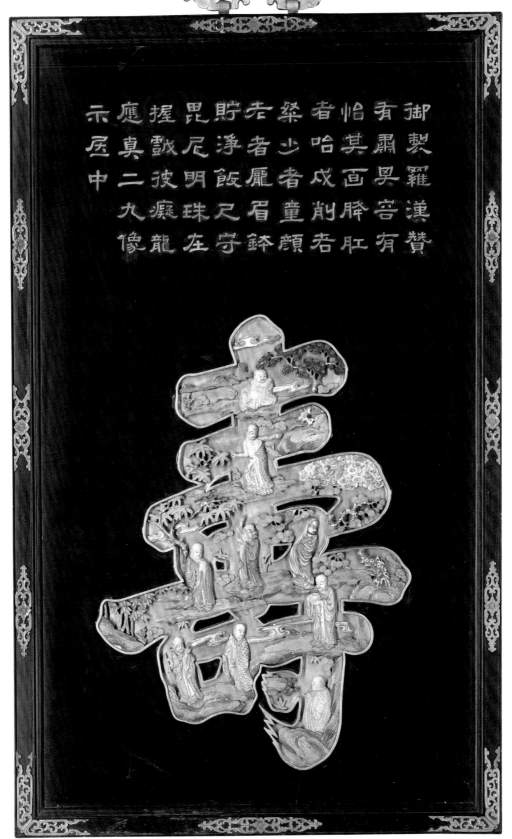

183

紫檀边框嵌玉花鸟纹挂屏

清中期

横宽112厘米　高78厘米

挂屏为紫檀木制，攒回纹边框，里口镶雕刻回纹线条。屏心蓝色绒地上镶嵌玉制白玉兰花、牡丹花、山石及绶带鸟，以孔雀石制玉兰树，展现的是一幅"玉堂富贵"的吉祥图案。挂屏上框安铜制环子。

这种款式的挂屏，皆成对制作和成对摆挂。题材内容大体一致。其做工精细，颜色搭配巧妙。为乾隆时期家具精品。

184
紫檀边框嵌牙七言挂对

清中期

宽30.8厘米　高121厘米

此挂对以紫檀木攒边框。饰双边线条，框内打槽装板，通体黑色漆地。

面嵌染牙御制诗："五世曾元宵绕侍，万民亲爱不期同"，署款为和坤恭集敬书。由诗句内容可知，这件挂对是乾隆皇帝喜得五世曾元孙后，由和坤进献的贡品。

和坤，满洲正红旗人，曾被封一等忠襄公，任首席大学士，领班军机大臣，兼管吏部、户部、刑部、理藩院等要职，卒于嘉庆四年。

185

紫檀边框嵌玉石博古挂屏（一对）

清中期

宽80厘米　高123.5厘米

　　此挂屏为一对，以紫檀木攒边框，枨子及立柱将屏心分隔成若干小格。格内粉色漆地，镶嵌有木雕、螺钿或有玉石雕刻而成的笔筒、古鼎、钟表、玉璧、花瓶、如意，还有抽屉、柜门等。此屏的独特之处在于以紫檀做框架，间配以诸多内容的形式。还在于是以多宝格的形式所表现。

　　博古图是将早期的古玩，以其他材料或工艺的形象且成组的表现出来，诸如：绘画、雕刻、镶嵌等。这种做法在清朝中期之后尤为流行。

186

紫檀边座嵌螺钿舞狮图插屏

清早中期

长20厘米　宽10厘米　高27厘米

　　插屏框架为紫檀木质地。紫檀木边座，边框混面起双边线，内侧开槽装硬木板心，上边镶嵌螺钿"舞狮图"。图中为一老一少的少数民族艺人，和一张口奔驰中的狮子，三者皆处于动态下。其中老者试图用身体掩护少者，而少者则用手中绣球招引狮子向前扑抢的场面。图案下方横枨为劈料做，以此界出上下两格。下格透雕梭子纹裙板。屏座无屏柱，两对站牙直接抵住屏框。座墩之间有壶门式劈水牙。屏扇的另外一面是折枝梅花图案。

　　由于折枝梅花是五瓣，暗含五福之意，所以常被借用于祝寿或祝福。狮子被视为灵兽或神兽，有一龙二凤三狮子的说法，白毛狮子尤被视为大瑞。此插屏为清朝早中期的艺术品。

紫檀边座嵌染牙五百罗汉插屏

清中期

长99厘米　宽56厘米　高195厘米

插屏为紫檀木漆地镶嵌染牙家具。屏框为紫檀木制，框内蓝色漆地上镶嵌以鸡翅木雕刻的群山，以染色象牙雕刻的人物、树木花草、庭院高台、河流瀑布。在山坡上、庭院中及仙台上有五百名罗汉，每人均手执法器。屏上沿正中镶嵌牙雕乾隆皇帝诗文《御制罗汉赞》。屏座上以板材雕刻夔龙纹立墙替代了屏柱及站牙，立墙开槽将屏框卡住。屏扇下端绦环板、劈水牙均浮雕夔龙纹。屏风背面雕刻"半壁出海日"图案。

此插屏是乾隆时期依据宋朝画家陈居中的画稿制作的。

紫檀边座嵌瓷山水人物插屏

清中期

长28厘米　宽12厘米　高24厘米

　　插屏为紫檀木质地。紫檀木制混面边框。框内镶嵌青花瓷山水人物风景图。屏扇下有屏座托住，并有两屏柱相夹。屏柱上端饰回纹，柱身前后有站牙相抵，既起到装饰效果，又增强其稳定性。屏柱间有双枨相连，其间镶绦环板，在绦线内雕刻夔龙纹及饕餮纹。壶门式曲边披水牙板，雕夔龙纹及流云纹。下承卷书足。

　　此插屏制作于乾隆年间。这是江西景德镇的贡品。

189
紫檀边座嵌染牙柳燕图插屏

清中期

长99厘米　宽56厘米　高195厘米

　　插屏框架为紫檀木质地。屏风边座用紫檀木制作。屏框起两道阳线边，中间产地成凹槽，镶嵌蝙蝠纹与寿字相间的青白玉。框内米黄色漆地上饰染牙雕刻的柳树、燕子。屏座柱头雕刻回纹，前后有两对宝瓶式站牙抵住屏柱，屏座以两根平行横枨相连，其中浮雕云龙纹绦环板，劈水牙雕刻蝙蝠衔磬纹。

　　此插屏制作于乾隆年间，是广东进贡的。

紫檀边座嵌画珐琅西洋人物插屏

（一对）

清中期

长116厘米　宽7厘米　高181厘米

　　插屏为一对，以紫檀木为边框，框内侧打槽镶画珐琅西洋人物图。屏座两侧屏柱，雕刻卷云纹柱头。屏柱前后有站牙相抵。柱有双枨相连，枨间镶雕夔龙纹及饕餮纹的绦环板。

　　紫檀屏框为混面双边线，两上角均为委角。画珐琅屏心上，有西洋钟表、洋式沙发椅、高大建筑物及庭院，院中四位女士或手持花瓶、或手拿花卉，也有手捧宝塔式钟表，或手持折扇而佩饰华丽的主人，表现了贵族妇人生活的一个场景。屏扇下有屏座托住，并有两屏柱相夹。屏柱上端饰回纹，柱身前后有站牙相抵，既起到装饰效果，又增强其稳定性。屏柱间有双枨相连，其间镶绦环板，在绦线内雕刻夔龙纹及饕餮纹。壶门式披水牙板，雕夔龙纹及流云纹。下承卷书足。

　　此屏为一对，正面为西洋人物图，背面为木雕竹石图。

紫檀边座嵌牙仙人楼阁插屏

清中期

长94厘米　宽60厘米　高150厘米

　　屏扇以紫檀木为边框,中间混面雕刻缠枝莲纹,边沿起阳线。框内侧打槽镶板,漆地嵌染牙仙人楼阁"海屋添筹"图案。屏座上立屏柱,雕刻卷云纹柱头。屏柱前后有站牙相抵。柱有双枨相连,枨间镶夔龙纹绦环板,雕花纹劈水牙。下承卷书足。屏背为木雕玉兰、牡丹花卉纹。

紫檀边座嵌牙渔家乐插屏

清中期

长94厘米　宽60厘米　高150厘米

屏扇以紫檀木为边框，中间混面雕刻缠枝莲纹，边沿起阳线。框内侧打槽镶板，漆地嵌染牙渔家乐图案。表现了渔民喜获丰收的情景。屏座上立屏柱，雕刻卷云纹柱头。屏柱前后有站牙相抵。柱有双枨相连，枨间镶夔龙纹绦环板，雕花纹劈水牙。下承卷书足。

193
紫檀边座嵌点翠松竹图插屏

清中期

长116.5厘米　高220厘米

　　屏风以紫檀木为混面雕拐子纹边框，内侧打槽镶板，黑色漆地镶点翠竹子。屏座上立屏柱，雕刻卷云纹柱头。屏柱前后有站牙相抵。柱有双枨相连，枨间绦环板镶拐子纹及卷草纹的铜胎掐丝珐琅板，雕西洋花纹劈水牙。下承卷书足。

194

紫檀边座嵌染牙广东十三行风景图插屏

清中期

长83厘米　宽40厘米　高141厘米

　　屏扇以紫檀木为边框，中间雕刻云蝠锦结及拐子纹，边沿起阳线。框内侧打槽镶板，漆地嵌染牙广东十三行风景图。展现了广东开放通商口岸后各国领事馆址，及货运、客运船只川流不息的繁荣景像。屏座上立屏柱，雕刻卷云纹柱头。屏柱前后有站牙相抵。柱有双枨相连，枨间镶雕夔凤纹绦环板，雕卷云纹劈水牙。下承卷书足。

195

紫檀边座嵌鸡翅木五福添筹插屏

清中期

宽43厘米　厚125厘米　高455厘米

　　插屏为紫檀木制边座。屏心里口镶铜
线,并有紫檀木雕回纹圈口。屏心内用鸡翅
木雕山水、亭台、人物、仙鹤、灵芝,蓝色漆
地上有"五福添筹"四字。后背板心为黑色漆
地,饰描金折枝花卉纹。屏座绦环板上起双
绦环线,浮雕夔龙、团花纹。站牙、劈水牙均
雕卷云纹及螭纹。

　　此插屏为一对,另一屏题名为"万年普
祝图"插屏,这是乾隆晚期的家具制品。

紫檀边座嵌木灵芝插屏

清中期

长95厘米　宽50厘米　高101厘米

插屏边座为紫檀木制。屏心正面嵌木
灵芝，古人以灵芝为长生草，故多以其寓意
长寿。光素站牙，绦环板雕刻如意云头纹。
劈水牙雕刻回纹，正中垂洼堂肚。背面为描
金隶书乾隆御题《咏芝》诗，后署"乾隆甲午
(1774年)御题"描金隶书款，并钤篆书印章
款两方。

屏风为乾隆年间制品，如此之大的灵芝
已是世间罕见之物，加之与御题咏芝屏诗
的紫檀木屏风和二为一，更是相得益彰，此
为乾隆年间家具的精品。

故土辟山澤新屏廁几
惟丹青難與繪雕琢未
曾施相則檀紫稛藉帷
苧白宜質猶盈尺富歲
呂籔千期舜代卿雲舊
堯丰寶露滋蟬聯三秀
燦蟠餖萬卷菰底用祥
編裹還噉壽牒披塗中
思曳尾或亦似靈蓍
乾隆甲午御題

紫檀边座嵌玉夔龙纹插屏

清中期

长31厘米　宽17厘米　高36厘米

　　插屏为紫檀木制边座。屏框、站牙上透雕夔龙纹。屏心正面镶嵌青玉雕蝙蝠、夔龙纹，间隙处有豹、猪、兔、羊等兽纹。背面光素，打槽装板。在背板和玉璧的夹层中，藏有古铜镜。

　　小插屏往往根据摆放的位置不同，其称谓也不同。比如有灯屏、砚屏、桌屏等等。这件小插屏由于暗藏铜镜于其中，放在灯前有反光，而增加亮度的功能，因而也可称之为灯屏。此屏制作于乾隆年间。

198

紫檀边座嵌鸡翅木山水玉人插屏

清中期

长50厘米　宽31厘米　高52厘米

插屏边座为紫檀木制作。屏心为鸡翅木雕树木、小船、山石，以白玉雕刻廊榭、亭台及分别持寿桃、葫芦、拐杖的三位老者。暗含"福、禄、寿"三星之意。在近景之后，有一个一面铅制、一面玻璃的储水罐，可盛水养鱼。透过玻璃可看到鱼在岸边、船底游荡的样子，从而使画面更趋于生动、自然。屏座呈八字形。站牙、绦环板、劈水牙均雕拐子纹。屏柱外侧雕花卉，柱头雕回纹。

此插屏设计巧妙。不仅增加了插屏的功能，也增加了画面的情趣。这是乾隆时期的紫檀家具精品。

紫檀边座嵌青玉白菜插屏

清中期

长27厘米　宽12厘米　高46厘米

　　插屏为紫檀木边座。攒边混面边框，内侧装紫檀木雕绦环板，有梧桐、芍药、水仙、兰草、竹子、山石等纹饰，中间镶青玉雕菜叶。屏扇下光素绦环板，前后两对光素站牙相互抵住屏扇底角。卷书式足，背面有阴刻描金"瑞呈秋圃"四字。两侧纹饰为松、梅、兰花、灵芝、山石等。

紫檀边座嵌古铜镜插屏

清中期

长73厘米　宽26厘米　高92厘米

　　插屏边座为紫檀木制作。屏心正面开圆洞，镶古铜镜一面。镜面朝里，后背中心部分展示于外，有弦纹及银锭形镜钮。四周木板阴刻描金隶书乾隆御题古镜诗一首，后署"乾隆丙申（1776年）春御题"隶书款并钤朱印。屏风背面阴刻于敏中、王际华、梁国治、董诰、陈孝冰、沈初、金士松等大臣的应和之作。屏框直通到座墩上。边框上雕刻拐子纹，里口镶回纹圈口。框下两道横枨中镶板，浮雕如意云纹。劈水牙、站牙及座墩上均雕刻拐子纹。

　　插屏中镶古铜镜者极为少见。有专家鉴定古镜并非汉朝原物，系明朝仿造之器，但仍不减其珍贵价值。

紫檀边座嵌珐琅山水花卉座屏

清中期

长340厘米　宽31厘米　高297厘米

　　屏风五扇组合。紫檀木攒边框。框内镶珐琅风景图。透雕云蝠、磬、鱼纹毗卢帽及倒挂角牙、边牙，饰混面双边线站牙。屏扇座落在须弥座上，须弥座为八字形，分为三段。座面有屏腿孔。面下带束腰，雕绦环线及拐子龙纹上下雕刻仰覆莲花瓣。座下为回纹足。

紫檀边座乾隆书字董邦达
画山水座屏

清中期

长264厘米　宽22厘米　高244厘米

　　屏风边座为紫檀木质地。由五扇连接，下设双层台座，台座上层以立柱界出五格，每格内镶嵌黄杨木雕花绦环板。屏扇上方楣板及下方裙板分别雕刻西番莲纹、海水江崖纹、云龙纹及云蝠纹。每扇背面均为一幅精美的描金漆山水图案。屏风正面最外侧两边扇分别为乾隆帝御笔"清音出泉壑，余事赏岩斋"五言对子，靠近中间的两扇为董邦达画山水图，中扇为乾隆御笔诗文，署款："辛巳七月二十八日，雨一首，御笔。"

　　乾隆二十六年七月二十八日，其生母崇庆皇太后临幸避署山庄途中，遇大雨路途泥泞，乾隆念母心切，作《雨》诗一首，随后制此屏风以为纪念。

清音出泉壑

一夜春晴月五更 山吐雲因知
熱而致其亲 雨偏聞那覺瀕濛
好惟帝覆鏈分石果絲坦治毎乃
大安勤
一首 瀛筆 辛巳七月二十八日雨

203

紫檀边座嵌黄杨木雕云龙纹座屏

清中期

长356厘米　宽322厘米　高306厘米

　　屏风主体为紫檀木制作。三扇组合，紫檀木光素边框，内侧打槽镶板。紫檀木雕流云地，嵌黄杨木雕龙戏珠，双勾卍字方格锦纹边。屏扇上端用紫檀木凸雕夔凤纹三联毗卢帽。两侧雕夔凤纹站牙。勾莲蕉叶纹八字式须弥座分为三段，座面有屏腿孔。面下束腰雕刻勾莲纹，上下雕刻仰覆莲瓣纹。座下有回纹足。

紫檀雕婴戏图座屏

清中期

长360厘米　宽90厘米　高320厘米

　　屏风通体为紫檀木制作，共三扇。屏心攒框镶板，雕刻正月闹花灯的景象。有老者站在厅堂前，庭院内摆放爆竹、拉象车、舞灯笼。门外宾客络绎不绝，周围衬以松柏、腊梅。有"竹报平安"、"万象更新"、"五谷丰登"等吉祥寓意。屏帽上有五火珠，雕刻"五岳真形图"。下有卷草纹山花。两侧边角各雕一鹞鹰俯视下方，与屏框站牙上雕刻的田鼠相呼应。三联八字形底座雕刻仰覆莲瓣、团花、火珠等纹饰。

205

紫檀边座嵌玻璃花卉画座屏

清中期

长340厘米　宽70厘米　高280厘米

屏风主体为紫檀木制作，共有五扇，中扇稍高，两侧逐级递降。紫檀木边框，上有楣板，下设裙板，中间白檀绦环板开出三个开光，并镶有玻璃画，总计十五幅。屏扇顶上为紫檀雕花帽，两边透雕站牙。屏扇座落在须弥座上，须弥座为八字形，分为三段。座面有屏腿孔。面下带束腰。上下雕刻仰覆莲花瓣。座下有龟脚。

紫檀边座嵌鸡翅木雕山水座屏

清中期

长290厘米　宽63厘米　高275厘米

屏风边座为紫檀木制作，共三扇。在屏心天蓝色漆地上有用鸡翅木小料雕刻的树石、楼阁、人物，并有乾隆御题诗。边框上装紫檀木雕刻七龙戏珠纹屏帽，两侧站牙各饰一龙，合为九龙。下承三联八字形须弥座，座上浮雕莲瓣纹及拐子纹，卷云纹足。

这种围屏通常在地坪上与宝座成套使用，是乾隆时期家具精品。

207

紫檀边座嵌玉行书千字文围屏

清中期

长319.5厘米　宽20厘米　高86.5厘米

　　围屏边座以紫檀木制作，共九扇。屏心
正面嵌玉乾隆御题草书《千字文》，后署"怀
素草书千字文庚寅(1770年)小年夜御临"款。
背面蓝漆地上描金绘梅、桃、梨、桂花等花果
树木。裙板落堂踩鼓，下承长方形须弥座。
座上浮雕仰覆莲瓣纹，束腰及下裙板上皆
镶嵌有黄杨木雕梅花纹。

　　此屏风为书房陈设之物，有观赏及屏
蔽的作用，此大型屏风为乾隆时期的家具
精品。

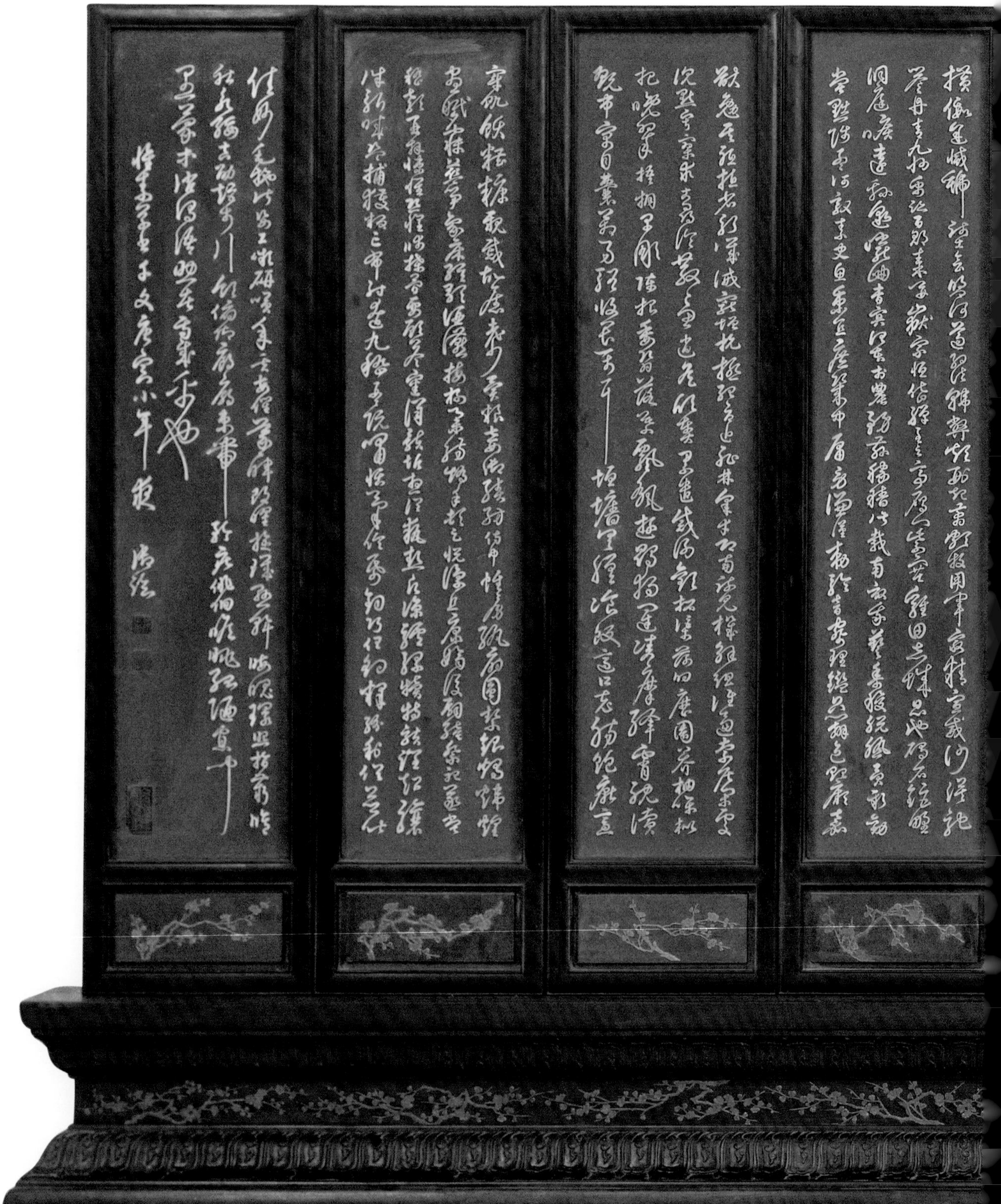

紫檀边座嵌玉石花卉围屏

清中期

通长304厘米　高237厘米

　　屏风边座以紫檀木制成，共九扇。屏心正面为米黄色漆地，每扇分别嵌有茶花、石榴、紫藤、梅花、天竺、牡丹、玉兰、菊花、腊梅等玉石花卉，并有乾隆皇帝对每种花卉的赞花御题诗。背面为黑漆描金云蝠纹。每扇上楣板、下裙板及边扇外侧绦环板上均有开光，雕刻西番莲纹。边框里口嵌绳纹铜线圈口，雕刻如意云边开光西番莲纹毗卢帽。下承三联须弥座，中间束腰雕刻西番莲纹。下端卷云纹足。

紫檀边座嵌碧玉雕云龙纹插屏

清中期

长234厘米　宽53厘米　高156厘米

插屏边座为紫檀木制。紫檀木四边攒框，内侧里口镶碧玉，雕刻云龙纹及海水江崖纹，四周有圈口压条。屏扇上方半圆形屏帽雕刻一正龙，四周祥云环绕。屏扇底角有云龙纹站牙，底座中部带光素束腰。劈水牙满雕云龙纹，两端底足做垂直交叉，皆饰云龙纹。屏背板为黑漆地，饰描金云龙及海水江崖图案。

图版索引

柜橱类

后 记

《故宫经典》是从故宫博物院数十年来行世的重要图录中，为时下俊彦、雅士修订再版的图录丛书。

故宫博物院建院八十余年，梓印书刊遍行天下，其中多有声名皎皎人皆瞩目之作，越数十年，目遇犹叹为观止，珍爱有加者大有人在；进而愿典藏于厅室，插架于书斋，观赏于案头者争先解囊，志在中鹄。

有鉴于此，为延伸博物馆典藏与展示珍贵文物的社会功能，本社选择已刊图录，如朱家溍主编《国宝》、于倬云主编《紫禁城宫殿》、王树卿等主编《清代宫廷生活》、杨新等主编《清代宫廷包装艺术》、古建部编《紫禁城宫殿建筑装饰——内檐装修图典》等，增删内容，调整篇幅，更换图片，统一开本，再次出版。唯形态已经全非，故不再蹈袭旧目，而另拟书名，既免于与前书混淆，以示尊重；亦便于赓续精华，以广传布。

故宫，泛指封建帝制时期旧日皇宫，特指为法自然，示皇威，体经载史，受天下养的明清北京宫城。经典，多属传统而备受尊崇的著作。

故宫经典，即集观赏与讲述为一身的故宫博物院宫殿建筑、典藏文物和各种经典图录，以俾化博物馆一时一地之展室陈列为广布民间之千万身纸本陈列。

一代人有一代人的认识。此番修订，选择故宫博物院重要图录出版，以延伸博物馆的社会功能，回报关爱故宫、关爱故宫博物院的天下有识之士。

2007 年 8 月